纺织服装类"十四五"部委级规划教材

服装工业样板设计与应用

徐雅琴　张伟龙　　编著

东华大学出版社·上海

服装与服饰设计专业中高职贯通系列教材编委会

总　主　编：　顾惠忠

编委会委员：　徐雅琴、方闻、王小雨、陈超、郭玉燕、
张伟龙、李莎、阿依仙古丽、胡爱华、
吴佳美、赵立、谢国安、陈静、于珏、
张露寒、奉秀

前 言 | PREFACE

　　如何采用更精确、更有效率的服装制板方法，以适应服装生产的需要，是服装企业迫切需要解决的课题，也是本书作者多年来不懈努力所追求的目标。本书出版之前，已于2010年出版过《服装制板与推板细节解析》（化学工业出版社）一书，对服装制板的细节处理进行了具体的解剖和分析。又于2014年出版过《服装工业样板设计》（东华大学出版社）一书，从设计的角度对服装板型的制作进行了更为深入地解析。本书在前两本书稿的基础上，着重于服装工业样板应用实例的讲解。

　　本书的具体内容包括服装工业样板概述、服装推板概述、裙装样板制作、裤装样板制作、女上装样板制作。全书的重点是各类板型的设计应用的方法，具有制板精度高、操作性强的特点。

　　在编著过程中，本书注重保持了内容的系统性，同时又具有很强的应用性。本书的具体写作思路为对各类款式从两个方面进行展开：一是在基本款的样板制作的基础上，对变化款的样板制作进行深入地讲解，以期通过对基本款的学习掌握共性的方法，然后再去理解个性化的变化款的方法，以使学习者能通过学习较为快捷地全面掌握。二是本书注重提高服装制板的精细化程度，对服装制板中的细节部位处理到位，力求服装制板达到能使裁剪与缝纫者根据板型上的提示即能准确无误地将服装缝制成型的目的。在写作中作者力求做到层次清楚，语言简洁流畅，内容丰富。建议读者阅读本书之前，先阅读《服装制板与推板细节解析》一书，以便更为全面地掌握服装制板的原理及具体的设计方法。本书强调实际操作的应用能力，并希望能多方位地解决服装制板方面的问题。希望本书对读者掌握服装制板方面的知识与应用有一定的帮助。

　　在服装制板的学习中，既要重视服装制板的基础知识的学习，更要注意学习者应用能力的培养。本书适合作为服装教育教材，同时也可作为服装专业技术人员、服装爱好者的自学用书。

　　参加本书编写的还有吴崴、施金妹等。在本书撰写的过程中，得到了顾惠忠教授、孙熊教授、冯翼校长、包昌法教授的热情指导，得到了上海聚荣服装设计有限公司总经理李本勇、副总经理钟华东的鼎力相助，得到了上海市东海职业技术学院与上海市群益职业技术学校领导的大力支持，得到了东华大学出版社的信任和支持。在此一一表示衷心的感谢。

由于作者的水平有限，本书中难免有不足之处，敬请各位专家、读者指正。

作者

2022 年 3 月

目录 | CONTENTS

第一章　服装工业样板制作概述

　　服装样板是服装工业生产的重要依据。它是在服装制图（即服装结构图）的基础上，做出周边放量、定位、文字标记等，形成一定形状的样板。制作服装样板的过程称为服装制板。服装样板与服装结构图是既有区别又有联系的。它们的区别在于，服装结构图的衣片轮廓线是按服装成品规格绘制的，其衣片轮廓线是不包括周边放量的净缝线，称作"净样"。服装样板则是按照净样的轮廓线，加一定的周边放量等而形成的"毛样"。它们的联系在于，服装样板的形成需依赖于服装结构图。

第一节　服装工业样板制作工具与材料

一、工具

服装制图所需要的工具对于制板同样适用。下面介绍的是制板中所需要的工具。

（1）剪刀。10 或 12 英寸（1 英寸 =2.54cm）服装裁剪剪刀 1 把。用于裁剪样板。

（2）美工刀。大号或中号美工刀 1 把。用于切割样板。

（3）锥子。锥子 1 把。用于钻眼定位，复制样板。

（4）点纸器。点纸器 1 个。点纸器又称为描线器或擂盘，通过齿轮滚动留下的线迹复制样板。

（5）打孔器。打孔器 1 个。利用打孔器在样板上打孔，以利于样板的聚集。

（6）冲头。1.5mm 皮带冲头 1 只。用于样板中间部位钻眼定位。

（7）胶带。可选用透明胶带和双面胶等。用于样板的修改。

（8）夹子。塑料或铁皮夹子若干个。用于固定多层样板。

（9）记号笔。各种颜色记号笔若干支。用于样板文字标记的书写。

以上为常用工具，此外还可根据实际需要添加其他工具。

二、材料

制板的材料要求伸缩性小、纸面光洁、有韧性。制板的材料一般有以下几种：

（1）大白纸。大白纸是服装样板的过渡性用纸，用于制作软纸样，不作为正式样板材料。

（2）牛皮纸。宜选用 100～130g/m² 的牛皮纸。牛皮纸薄，韧性好，成本低，裁剪容易，但硬度、耐磨度较差。其适宜制作小批量服装产品的样板。

（3）卡纸。宜选用 250g/m² 左右的卡纸。卡纸纸面细洁，厚度适中，韧性较好。适宜制作中等批量服装产品的样板。

（4）黄版纸。黄版纸是服装样板的专用纸。宜选用 400～500g/m² 的黄版纸。黄版纸较厚实，硬挺，不易磨损，但成本较高。其适宜制作大批量服装产品的样板。

（5）砂布。用于制作不易滑动的工艺样板材料。

（6）金属片、胶木板、塑料片。用于制作可长期使用的工艺样板材料。

第二节 服装工业样板类型

服装样板可分为裁剪样板和工艺样板两大类。

一、裁剪样板

裁剪样板主要用于大批量生产的排料、画样等工序的样板。裁剪样板又可分为面料样板、里料样板、衬料样板。有些特殊款式如脱卸式带内胆的服装就会有内胆样板；有些特殊部位如服装的某部位需绣花处理就会有绣花前的辅助样板等。

二、工艺样板

工艺样板主要用于缝制过程中对裁片或半成品进行修正、定形、定位、定量等的样板。按不同用途工艺样板可分为以下几类。

1. 修正样板

修正样板是保证裁片在缝制前与裁剪样板保持一致，以避免裁剪过程中裁片的变形而采用的一种用于补正措施的样板。它主要用于：需要对条对格的中高档产品；大面积粘衬部位；有时也用于某些局部修正部位，如领圈、袖窿等。具体操作时，在画样与裁剪中裁片四周相应放大，缝制前将修正样板覆合在裁片上修正。局部修正样板则放大相应部位，再用局部修正样板修正。

修正样板也称为净裁板，与之相对应的裁剪样板则称为毛裁板。此时毛裁板应为正常缝份加上一定的放量。

2. 定形样板

定形样板是保证某些关键部件的外形、规格符合标准而采用的用于定形的样板。它主要用于衣领、口袋等零部件。定形板以净样板居多。定形样板按不同的需要又可分为画线定形板、缉线定形板和扣边定形板。

①画线定形板。按定形板勾画净线，可作为缝缉的线路，保证零部件的形状。如衣领在缝缉领外围线前，先用定形板勾画净线，这样就能使衣领的造型与样板基本保持一致。画线定形板一般采用黄版纸或卡纸制作（图1-1）。

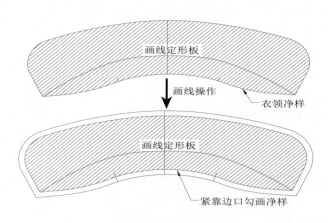

图1-1 画线定形板示意图

②缉线定形板。按定形板外围缉线，既省略了画线，又使缉线的样板符合率大大提高，如下摆的圆角部位、袋盖部件等。缉线定形板可采用砂布等材料制作（图1-2）。

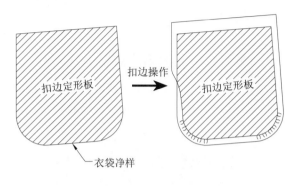

图 1-3 扣边定形板示意图

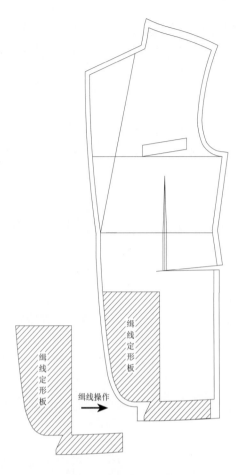

图 1-2 缉线定形板示意图

③扣边定形板。按定形板扣边，多见于缉明线的零部件，如贴袋、弧形育克等。将扣边样板放在贴袋袋布的反面，留出缝份，然后用熨斗将边缘缝份向里扣烫平，保证产品的规格一致。扣边定形板应采用坚韧、耐用且不易变形的薄铝片或薄铜片制作（图 1-3）。

3. 定位样板

定位样板是为了保证某些重要位置的对称性、一致性及准确性而采用的用于定位的样板。它主要用于不宜钻眼定位的衣料或某些高档产品。定位样板一般取自于裁剪样板上的某一局部。半成品的定位往往采用毛样样板，如袋位的定位等；成品的定位则往往采用净样样板，如扣眼的定位等。定位样板一般采用卡纸或黄版纸制作（图 1-4）。

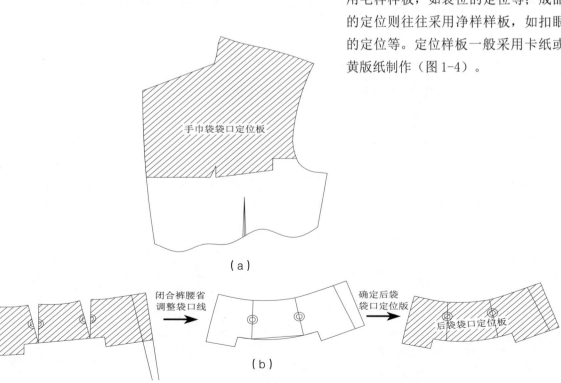

（a）

（b）

图 1-4 定位板示意图

第三节 服装工业样板构成要素

一、服装结构图的周边放量处理

服装结构图的周边放量处理是指在服装结构图的净样状态基础上转化为服装样板的毛样状态的操作过程。服装结构图的周边放量就是通常所说的缝份加放、贴边加放。服装结构图的周边放量处理是保证服装成品规格的必要条件，是制板的必要步骤。

1.服装结构图缝份控制量的相关因素

（1）缝份的控制量与缝型及操作方法有关。在服装缝纫制作中，若缝型不同，则服装缝纫的操作方法也不尽相同。下面以一些常见的缝型为例，来说明缝份的具体控制量。

①分开缝：把缝合后的两边缝份分开烫平的形式。缝份的宽度为 1～1.5cm。它多见于上装的侧缝、肩缝，裤装的侧缝、下裆缝等。见图1-5。

②来去缝：两裁片先反面相对，在裁片正面缉约0.6cm宽的线迹（说明：0.6cm宽的线迹即为距边缘0.6cm的线迹，全书后同），然后翻到裁片反面并缉0.7～0.8cm宽的线迹，将缝份包光。由于是缉两条线，缝份的放量为1.4～1.5cm宽。它多见于较薄面料的缝份操作，如丝绸类裙装的裙里缝份处理，且不适宜厚的面料。见图1-6。

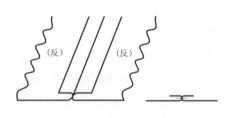
图1-5 分开缝缝型示意图

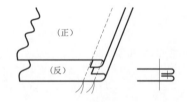
图1-6 来去缝缝型示意图

③拉驳缝：拉驳缝是在坐倒缝的基础上，在坐倒缝的缝份上缉明线（止口线）。由于款式设计的明线宽度不等，故缝份也有大小之别。倒缝的上层缝份稍窄于明线宽度，一般为明线宽度减去0.1cm，以减少缝份的厚度。倒缝的下层缝份则要宽于明线宽度0.5cm左右。它多见于各类服装的止口。见图1-7。

④包缝：包缝的缝型有暗包缝、明包缝两种。包缝的缝份应为大小缝，如包缝明线宽为0.6cm，则被包缝一侧应放0.6～0.7cm缝份，包缝一侧应放1.5cm缝份。它多见于夹克衫、平脚裤的缝制。见图1-8。

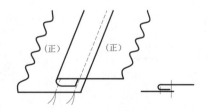
图1-7 拉驳缝缝型示意图

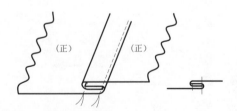
图1-8 明包缝缝型示意图

（2）缝份的控制量与裁片的部位有关。缝份的控制量应根据裁片的不同部位的不同需求量来确定。如上装的背缝、裙装的后中缝的缝份应宽于一般缝份，一般为1.5～2cm，其主要是为了缝份部位的平伏。再如有些需装拉链的部位的缝份应比一般缝份稍宽，以利于缝制。

（3）缝份的控制量与裁片的形状有关。缝份的控制量应根据裁片的不同形状的不同需求量来确定。一般来说，裁片的直线部位与弧线部位相比，弧线部位的缝份相对要窄一些。因为当缝份缝缉完成后，需要分开缝份时，直线部位缝份分缝后比较平伏（图1-9），而弧线部位则不然。外弧形部位的外侧边折转后有余量，易起皱（图1-10）；内弧形部位则相反，外侧边折转后侧边长不足（图1-11）。因此，适量减少缝份控制量是使弧线部位缝份分缝后达到平伏的有效方法。这类情况常见于前后领圈、前后裤窿门、前后弧形分割线等。同时必须注意，不需要分缝时，弧线部位缝份的控制量可按常规处理，如上装的袖窿弧线在缝份倒向衣袖的前提下，缝份的控制量仍按常规处理，因为此处缝份不需要分开。

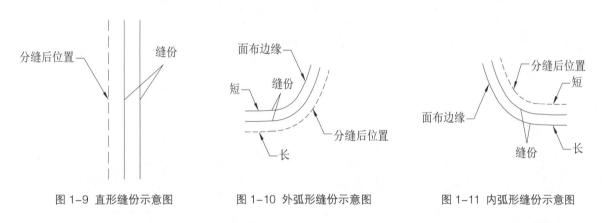

图1-9 直形缝份示意图　　　　图1-10 外弧形缝份示意图　　　　图1-11 内弧形缝份示意图

（4）缝份的控制量与衣料的质地性能有关。衣料的质地有厚有薄、有松有紧，应根据衣料的质地性能来确定缝份的控制量。如质地疏松的衣料在裁剪及缝纫时容易脱散，因此缝份的控制量应大些；质地紧密的衣料则按常规处理。

2. 服装结构图贴边控制量的相关因素

边口部位如袖口、脚口、领口、下摆等里层的翻边称为贴边。根据贴边加放的工艺方法的不同，贴边可分为连贴边与装贴边。贴边具有增强边口牢度、耐磨度、挺括度及防止经纬纱线松散脱落和反面外露等作用。贴边控制量的相关因素如下：

（1）贴边的控制量与边口线的形状有关。当边口线为直线或近于直线状态时，按实际需要确定，无特殊要求的情况下上装与裙装的下摆贴边常控制在2～3cm，裤装的脚口贴边常控制在4～5cm。当边口线为弧线状态时，贴边的控制量可在直线状态的基础上酌情减少，其原因与缝份的控制方法类似。如男衬衫的圆下摆贴边的控制量为1cm左右；斜裙的下摆贴边一般不超过2cm。如上所述的贴边控制量均适用于连贴边状态，而装贴边状态则不受此限制。

（2）贴边的控制量与衣料的质地性能有关。衣料厚的应酌情增加贴边的控制量；衣料薄的应酌情减少贴边的控制量。

（3）贴边的控制量与有没有里布有关。有没有里布对贴边的控制量是有一定的影响的。有里布的状态应比无里布的状态的贴边控制量略大。因为有里布的服装，如下摆，原贴边加放量为3cm，装里布后里布必须有余量，且其余量往下延伸，使面料底边线与里布底边线的距离小于贴边原有的放量，为保证里布延伸量与面料底边线保持适当的距离，必须增加贴边的放量，其增加量一般为在原有基础上增加1cm左右（图1-12）。

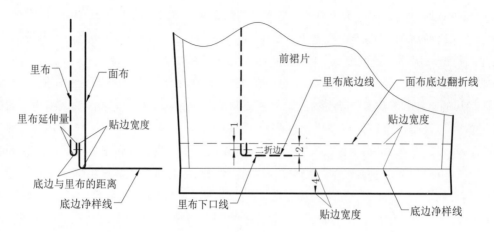

图 1-12 面布与里布底边关系示意图

（4）缝份与贴边折角、折边处理（图 1-13 ～图 1-17）。

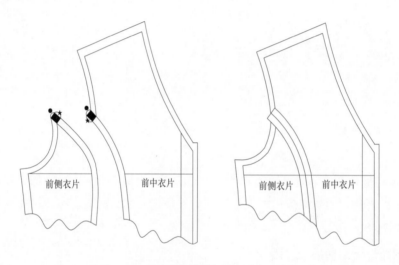

图 1-13 弧形分割线折角处理（有里布）

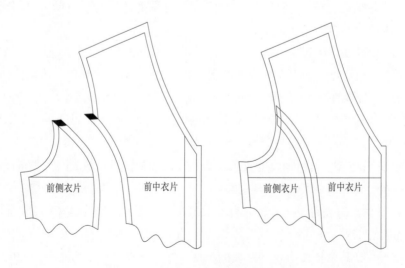

图 1-14 弧形分割线折角处理（无里布）

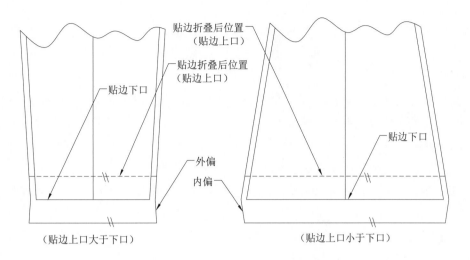

图1-15　贴边折边处理

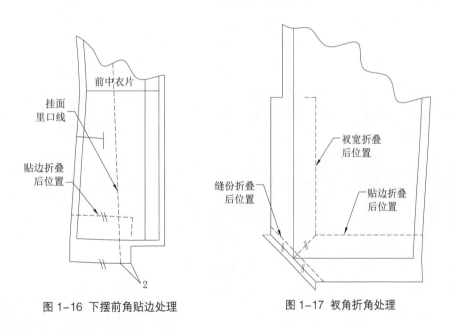

图1-16　下摆前角贴边处理　　　图1-17　衩角折角处理

二、服装样板与服装材料的缩率

衣料在缝纫、熨烫的过程中会产生收缩现象，尤其是高温熨烫时直丝方向容易收缩，缝纫时横丝方向因折转而产生坐势等。通常将其收缩的程度称为缩率。在制板的过程中为了保证成品规格的准确性，需预放一定的缩率。具体操作时，应在正式投产前先测试一下原料的缩率，然后根据测试的结果，按比例相应地加放样板。例如，在上装的缝制中前衣片、挂面等附有粘合衬的部位，经过热压粘烫会产生不同程度的收缩。因此，应分别取一块50cm×50cm的衣料和黏衬，按照工艺单上的要求粘烫，然后测量粘烫后衣料的面积并计算出缩率，并在服装样板的相应部位上补正。同时，当衣料有一定厚度时，应考虑围度的缝份折转产生的坐势，加放一定的量，以保证围度规格的准确性。

三、服装样板的标记

必要的标记是服装样板规范化的重要组成部分。在服装工业批量化生产中，服装样板的标记是无声的语言，可使样板制作者和使用者达到某种程度的默契。标记作为一种记号，其表现形式是多样化的，主要有定位标记和文字标记。

1. 定位标记

（1）作用。定位标记可标明服装各部位的宽窄、大小和位置，在缝制过程中起指导作用。

（2）形式。定位标记的形式主要有眼刀、钻眼（点眼）等。

（3）要求：

①眼刀的形状约为等腰三角形，底边宽为0.2cm，深为0.5cm。这里需要说明的是，服装样板的定位标记与服装裁片的定位标记有所不同。服装样板的定位标记是排料画样的依据，要求剪口张开一定量，利于画样，因此剪口呈三角形。服装裁片的定位标记是缝制工艺的依据，要求眼刀应为直口形，深度应为缝份宽的1/2左右，使之既能达到定位的目的又不影响衣料的牢度。

②钻眼应细小，位置应比实际所需距离短。收省定位比省的实际距离短1cm，贴袋定位比袋的实际大小偏进0.3cm。

③定位标记要求标位准确，操作无误。

（4）部位。定位标记使用的主要部位如下：

①缝份和贴边的宽窄。在服装样板缝份和贴边的两端或一端做上标记，这在一些特殊缝份上尤为重要，如上装背缝、裙装、裤装后缝等。标位方法如图1-18所示。

②收省、折裥、细褶、开衩的位置。凡收省、折裥、开衩的位置都应做标记，以其长度、宽度及形状定位。一般锥形省定两端，钉形省、橄榄省还需定省中宽。一般活裥要标上端宽度，如前裤片挺缝线处的裥。贯通裁片的长裥应两端标位，局部收细褶应在收细褶范围的起止点定位。开衩位置应以衩长、衩宽标位（图1-19）。

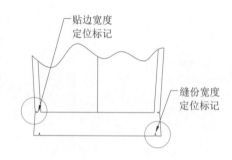

图1-18 缝份与贴边定位标记示意图

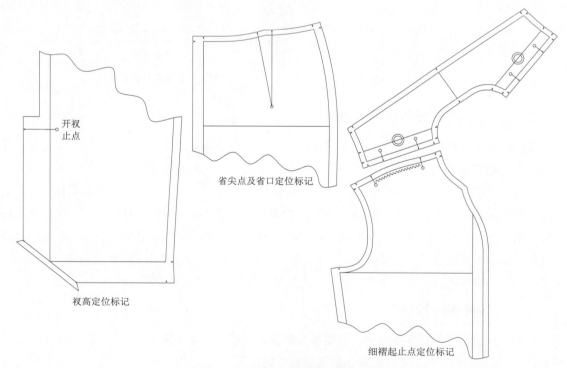

图1-19 收省等的定位标记示意图

③裁片组合部位。服装样板上的一些较长的组合缝，应在需要拼合的裁片上每隔一段距离做上相应的标记，以使缝制时能达到松紧一致，如服装的侧缝、分割线的组合定位等（图1-20）。

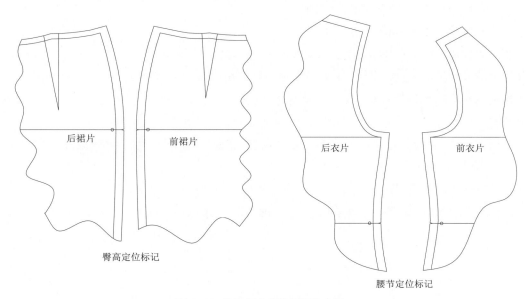

图 1-20　裁片组合定位标记示意图

④零部件与衣片、裤片、裙片装配的对位位置。零部件与衣片、裤片、裙片装配的位置，应在相应部位做上标记。如衣领与领圈的装配、衣袖与袖窿的装配、衣袋与衣身的装配以及腰带襻、肩襻、袖襻的装配等（图1-21）。

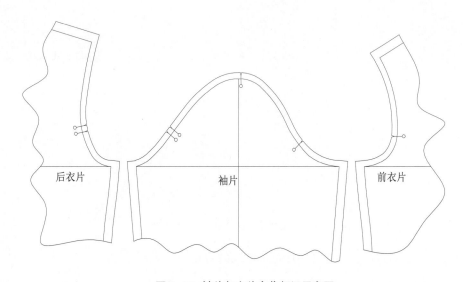

图 1-21　袖片与衣片定位标记示意图

⑤裁片对条对格的位置。应根据对条对格位置做出相应的标记，以利于裁片的准确对接。

⑥其他需要标明位置、大小的部位。还有一些需要标明的位置如钮位等，应根据款式的需要做相应的标记。

2. 文字标记（图1-22）

（1）作用。文字标记可标明样板类别、数量和位置等，在裁剪和缝制中起提示作用。

（2）形式。文字标记的形式主要有文字、数字、符号等。

（3）要求。字体规范、文字清晰。为了便于区别，不同类别的样板可以用不同颜色的笔加以区分，如面板用黑色、里板用绿色、衬板用红色等。文字标记应切实做到准确无误。

（4）内容。文字标记的具体内容如下：

①产品的型号。如 JK2003—08。

②产品的规格。如 170/88A；S、M、L、XL；7、9、11、13 号等。

③样板的类别。如面板、里板、衬板、袋布及挂面等均需一一标明。

④样板所对应的裁片位置及数量。如前片×2、后片×1、大袖×2、小袖×2 等。如果款式出现不对称部位，则需详细标明方位，即左、右片以及正、反面。

⑤样板的丝缕。如经向、纬向、斜向等。丝缕标记应贯通样板且正、反面均应标注，以利于排料画样。

（5）文字标记的方向：

①标注方向与丝缕线同向。一般在手工制板中使用。见图 1-22（a）。

②标注方向与丝缕线垂直。一般在 CAD 制板中使用。见图 1-22（b）。

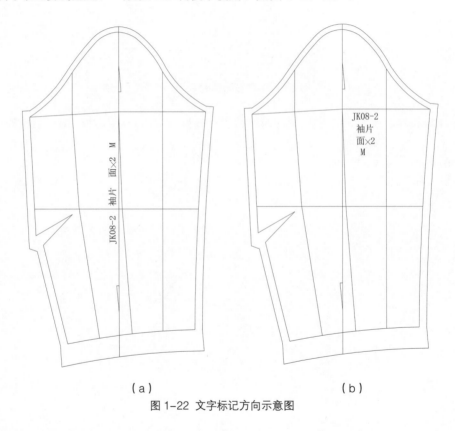

（a）   （b）

图 1-22 文字标记方向示意图

附：分割线女上衣定位标记与文字标记标注部位示意图。见图 1-23。

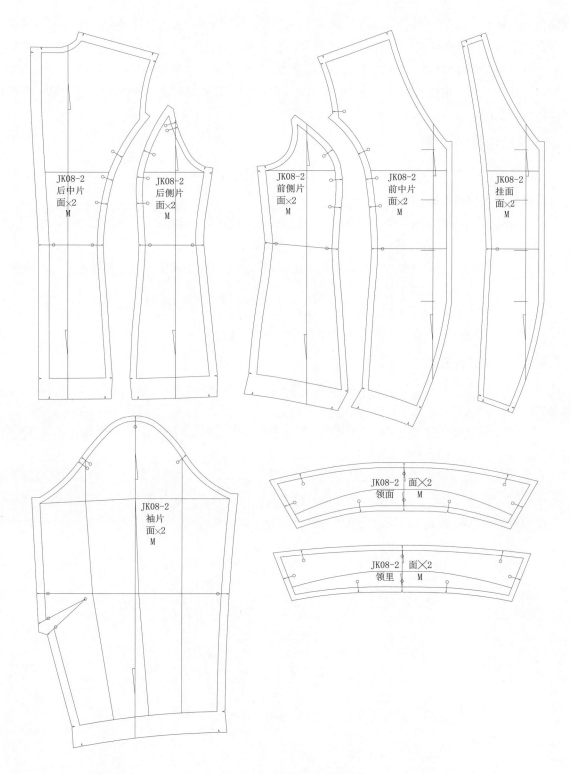

图 1-23　标记定位示意图

（6）关于本书中应用的文字标记的产品型号的含义说明：

①产品型号的编写可按客户订单照写，也可按服装的类别、生产的年份及样板的制作先后顺序等编写。本书中的样板实例即采用后者这种方法编写。产品型号还可根据企业的要求自行设计。

②本书中样板实例的产品型号含义说明：

· SK 为英语"Skirt"的缩写，表示服装类别为裙装；PT 为英语"Pants/Trousers"的缩写，表示服装类别为裤装；JK 为英语"Jacket"的缩写，表示服装类别为上衣；CT 为英语"Coat"的缩写，表示服装类别为大衣；ST 为英语"Shirt"的缩写，表示服装类别为衬衫；NXZ 为男西装拼音的缩写。

•03 表示年份即 2003 年制作的样板；1、2、3 或 A、B、C 表示样板的制作先后顺序。

例如：SK-1，表示裙装类的第一个款式的样板；SK03-A，表示裙装类、2003 年生产的第一个款式的样板。以此类推。

四、服装样板的复核

制板完成后，需要专人检查与复核，以防样板出现差错，造成经济损失。

1. 服装样板复核的内容和要求

（1）检查核对样板的款式、型号、规格、数量与来样的图稿、实物、工艺单是否相符。

（2）样板的缝份、贴边、缩率加放是否符合工艺要求。

（3）各部位的结构组合（如衣领与领圈、袖山弧线与袖窿弧线、侧缝、肩缝等组合）是否恰当。

（4）定位、文字标记是否准确，有无遗漏。

（5）样板的弧形部位是否圆顺、刀口是否顺直。

（6）样板的整体结构、各部位的比例关系是否符合款式要求。

2. 服装样板复核的方法

（1）目测。目测样板的边缘轮廓是否光滑、顺直；弧线是否圆顺；领圈、袖窿、裤窿门等部位的形状是否准确。

（2）测量。用软尺及直尺测量样板的规格，校验各部位的数据是否准确，尤其要注意衣领与领圈、袖窿弧线与袖山弧线等主要部位的装配线。

（3）用样板相互核对。将样板的相关部位相互核对，将前、后裤片合在一起，观察窿门弧线、下档弧线；将前、后侧缝合在一起并观察其长度；将前、后肩缝合在一起，观察前后领圈弧线、前后袖窿弧线及肩缝的长度配合等（图1-24～图1-30）。

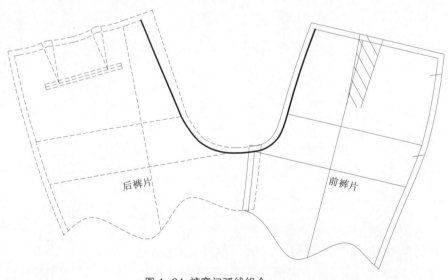

图 1-24 裤窿门弧线组合

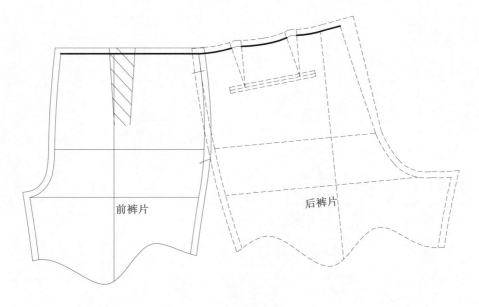

图 1-25　裤侧腰口弧线组合

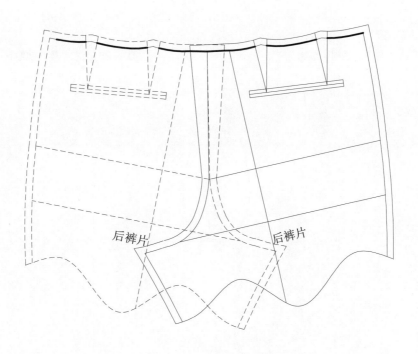

图 1-26　裤后腰口弧线组合

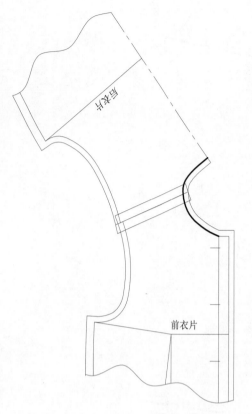

图 1-27 上衣前、后领圈弧线组合

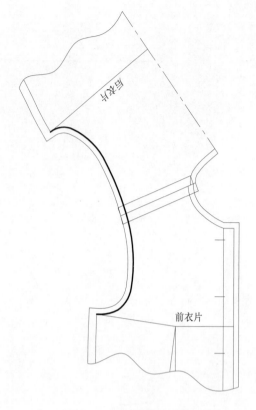

图 1-28 上衣袖窿弧线组合（肩端点）

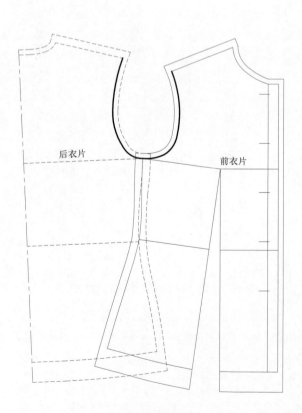

图 1-29 上衣袖窿弧线组合（侧缝点）

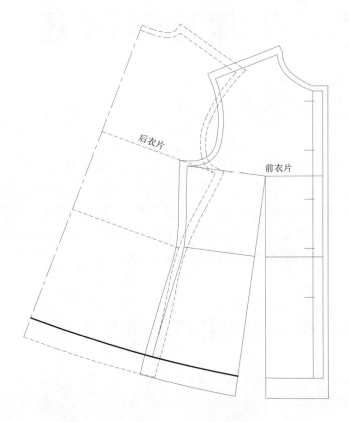

图 1-30 上衣底边线组合

思考题：

1. 服装工业样板的工具有哪些？

2. 简述服装工业样板的构成要素？

3. 服装工业样板的标记有哪些？

4. 服装工业样板的材料缩率问题应如何处理？

第二章 服装推板概述

服装推板是服装工业生产发展的产物。服装推板是制作成套样板最科学、最实用的方法。根据成衣生产批量化的要求，同一款式的服装要适应不同体型的人体穿着，就必须进行规格的缩放处理（俗称推板、推档、扩号、放码等），以使服装的款式适应不同规格、不同体型的群体穿着。服装推板既提高工作效率又是进入数字化平台的基础。服装推板的操作过程并不是单纯的图形位移，而是应根据各相关因素予以系统处理，这样才能得到合体舒适的服装缩放图。

第一节 服装推板基本原理与方法

一、服装推板的基本原理

服装推板是以某一档规格的样板为基础（标准样板），按设定的规格系列进行有规律地扩大或缩小的样板制作方法。所谓标准样板是指成套样板中最先制定的样板，也称中心样板、基准样板或母板。

从数学角度看，服装推板的原理来自于数学中任意图形的相似变换。因此，推板完成的样板与标准样板应是相似图形，即经过扩大或缩小的样板与标准样板应结构相符。

二、服装推板的基本方法

1. 逐档推板法（图2-1）

逐档推板法以中档规格的样板为标准样板，按设定的规格系列采用推一档、画一档、剪一档的方法形成各档规格的样板。逐档推板法的优点是较灵活，适合有规律或无规律的跳档，速度较快。其缺点是当样板档数较多时，会产生一定的误差。

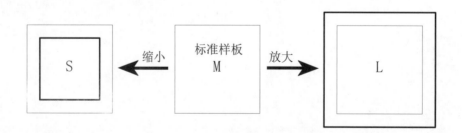

图2-1 逐档推板法示意图

2. 总图推板法（图2-2）

总图推板法以最小档（或最大档）规格的样板为标准样板，按设定的规格系列采用先做出最大档（或最小档）规格的样板，然后通过逐次等分的方法形成各档规格的样板。总图推板法的优点是效率高，适合多档规格的推板，而且精确度较高，便于技术存档。其缺点是步骤繁复，即二步到位法，速度较慢。

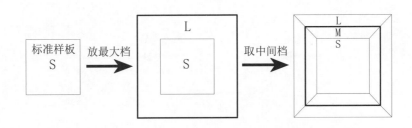

图 2-2 总图推板法示意图

3. 射线推板法（图 2-3）

射线推板法以中档规格的样板为标准样板，按设定的规格系列采用先确定标准样板的各个关节点的坐标点，将标准样板上的关节点（A）与推出的相应的坐标点（B）连线并向两边延伸，然后将 A、B 两点的距离向两边作等量距离的扩展，形成各档规格的样板。射线推板法的优点是效率高，适合多档规格的推板，便于技术存档。其缺点是精确度不如总图推板法，步骤繁复，即二步到位法，速度不如逐档推板法。

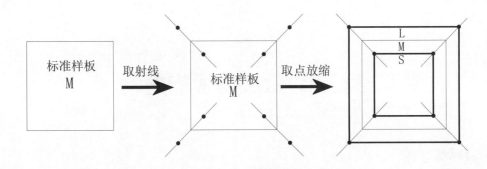

图 2-3 射线推板法示意图

4. 切割展开法（图 2-4）

切割展开法以中档规格的样板为标准样板，按设定的规格系列采用先确定标准样板的各条切割线及各条切割线上的变化量，然后将切割线按确定的变化量展开，形成各档规格的样板。切割展开法的优点是各部位的展开量清晰地反映在推板图中，对推板原理的理解相当有利，适合计算机（服装 CAD）推板。其缺点是不适合手工推板。

服装推板的方法很多，以上介绍的是目前采用较多的方法。在手工推板中，采用最多的是逐档推板法与总图推板法。切割展开法多在服装 CAD 中采用。

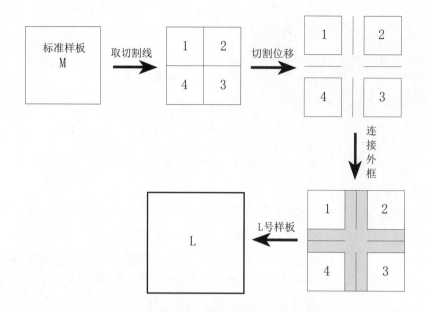

图2-4 切割展开法推板示意图

第二节 服装推板依据

一、服装标准样板

服装标准样板是以服装平面分解图的净样，通过周边放量、定位标记、文字标记等处理而形成的服装样板。服装标准样板是服装推板的基础依据。

服装推板的标准样板是根据设定的规格系列的各档规格，从中选择具有典型性的某档规格作为服装标准样板。服装标准样板的规格可以是中间规格，也可以是最大规格或最小规格。服装标准样板规格的选择与服装推板的制作方法有很大的关系。比如：总图推板法要求以最小号或最大号规格样板作为标准样板，因为总图推板法是在最小号和最大号规格确定之后求取中间各档规格；逐档推板法要求以中间规格样板作为标准样板，因为逐档推板法是推一档、画一档、剪一档。在推板的过程中，由于档数较多，会产生以推出来的样板作为标准样板来继续推板的现象，从而使推板的误差率有增加的可能。因此，使用中间规格样板可使标准样板的利用率增加，以减少误差。

二、服装规格系列

1.服装号型系列

服装规格系列是服装推板的必要依据。服装规格系列的设定应以人体体型发展规律为本。服装规格系列是将人体的身高与围度进行有规则的排列，即为服装号型系列。如我国采用的服装规格系列就是中国标准《服装号型》。

号的分档数值为5cm（指人体身高的分档，不是服装规格中的衣长或裤长）。

型的分档数值为4cm、3cm、2cm。

号与型的分档结合起来，分别为 5•4 系列、5•3 系列、5•2 系列。

各类体型的号型系列的规格起讫点见表 2-1。

表 2-1 服装号型系列分档间距（/cm）

部位	体型	男	女	分档间距
		号（身高）		
		155 ～ 185	145 ～ 175	5
		型（胸围）		
胸围	Y	76 ～ 100	72 ～ 96	4、3
	A	72 ～ 100	72 ～ 96	4、3
	B	72 ～ 108	68 ～ 104	4、3
	C	76 ～ 112	68 ～ 108	4、3
腰围	Y	56 ～ 82	50 ～ 76	2、3、4
	A	56 ～ 88	54 ～ 82	2、3、4
	B	62 ～ 100	56 ～ 94	2、3、4
	C	70 ～ 108	60 ～ 102	2、3、4

表 2-1 可以作为服装推板中的规格系列构成的重要参考依据。据此，可以对我国的正常人体体型的规格范围有一个明确的概念，可以对服装推板规格的设定范围有明确的限定。

2. 服装规格的具体构成

在服装推板中与服装规格系列直接有关的是服装的主要部位规格与非主要部位规格。当服装的规格系列确定后，服装推板的大量工作就是对规格系列逐部位地系统分析、计算与分配处理。

（1）服装的主要部位规格

服装的主要部位规格是在服装的净体规格的基础上，加放一定量的松量而形成的。服装的主要部位规格按服装的类别而定。一般上装类，有衣长、背长（腰节长）、袖长、肩宽、领围、胸围、腰围等部位；一般下装类，有裤长、裙长、直裆、腰围、臀围、脚口等部位。有些有特殊要求的服装，可增加相关部位的规格，如上装类的胸高、摆围等，下装类的中裆、下裆、横裆等。服装的主要部位规格为服装规格系列的设定提供了具体的规格依据。

（2）服装的非主要部位规格

服装的非主要部位规格是在服装制图中根据主要部位规格转化而成。服装的非主要部位规格在服装结构的构成中大量存在，并分布于服装的各个部位，如袖窿深、袖肥宽、袖山高、领宽、叠门等。服装的非主要部位规格对服装的规格组合、服装推板的图形构成符合结构与款式要求，有重要的协调作用。服装的非主要部位规格在服装推板中的处理，将直接影响到服装推板的成败。

三、服装规格档差与推板数值

1. 服装规格档差

服装规格系列是由几组服装主要部位规格所构成。各组的主要部位规格的同一部位之间的差距即为服装规格档差，也可称为服装规格分档数值。服装推板的变化主要表现在规格的变化，而规格的变化是由规格档差来具体体现的。当服装规格系列确定后，服装规格档差已经存在于其中，可通过计算得到。

在服装推板中，服装规格档差根据服装穿着对象的体型不同会产生相应的变化。由于人体的体型变化是客观的，因此服装推板应遵循体型发展的客观规律。在服装规格档差的处理中，应根据不同的体型设置不同的规格档差。在本教材中，介绍常见的主要围度部位规格档差设置相同与主要围度部位规格档差设置不同两种。一般情况下，主要围度规格档差设置相同应用于档数较少的服装推板，主要围度规格档差设置不同则应用于档数较多的服装推板。因为样板档数较少时，规格变化对体型的影响相对小；反之则大。主要围度部位规格设置相同的具体规格档差，请参见以后几章的操作实例。《服装号型》中各系列分档数值见表2-2。

表 2-2 服装号型系列分档档差数值表（/cm）

性别	体型	胸腰落差	系列	中间体		服装部位分档档差数值							
				上衣	裤装	衣长	胸围	袖长	领围	肩宽	裤长	腰围	臀围
男	Y	12~22	5·4	170/88	170/70	2	4	1.5	1	1.2	3	4	3.2
			5·3	170/87	170/68	2	3	1.5	0.75	0.9	3	3	2.4
			5·2	170/88	170/70						3	2	1.6
	A	12~16	5·4	170/88	170/74	2	4	1.5	1	1.2	3	4	3.2
			5·3	170/87	170/73	2	3	1.5	0.75	0.9	3	3	2.4
			5·2	170/88	170/74						3	2	1.6
	B	2~11	5·4	170/92	170/84	2	4	1.5	1	1.2	3	4	2.8
			5·3	170/93	170/84	2	3	1.5	0.75	0.9	3	3	2.1
			5·2	170/92	170/84						3	2	1.4
	C	2~6	5·4	170/96	170/92	2	4	1.5	1	1.2	3	4	2.8
			5·3	170/96	170/92	2	3	1.5	0.75	0.9	3	3	2.1
			5·2	170/96	170/92						3	2	1.4
女	Y	19~24	5·4	160/84	160/64	2	4	1.5	0.8	1	3	4	3.6
			5·3	160/84	160/63	2	3	1.5	0.6	0.75	3	3	2.7
			5·2	160/84	160/64						3	2	1.8
	A	14~18	5·4	160/84	160/68	2	4	1.5	0.8	1	3	4	3.6
			5·3	160/84	160/68	2	3	1.5	0.6	0.75	3	3	2.7
			5·2	160/84	160/68						3	2	1.8
	B	9~13	5·4	160/88	160/78	2	4	1.5	0.8	1	3	4	3.2
			5·3	160/87	160/79	2	3	1.5	0.6	0.75	3	3	2.4
			5·2	160/88	160/78						3	2	1.6
	C	4~8	5·4	160/88	160/82	2	4	1.5	0.8	1	3	4	3.2
			5·3	160/87	160/81	2	3	1.5	0.6	0.75	3	3	2.4
			5·2	160/88	160/82						3	2	1.6

2. 服装推板数值

服装推板中推板数值的处理恰当与否，是服装推板成败的关键。推板数值是指推板中各个部位具体应用的数据，即最终数据。推板数值处理的依据是规格档差、服装款式、服装标准样板的结构要求等。推板数值处理的具体方法有：

（1）推板数值与规格档差同步处理，如服装的长度部位处理，即推板数值 = 规格档差。

（2）推板数值与标准样板上的规格同步，如通常所说的非变化部位（如叠门宽、开衩宽度等），即推板数值 =0。

（3）推板数值必须经过处理得到，如裤装的前与后窿门、上装的横与直开领、衣袖的袖肥与袖山高度的确定等。它们可以通过服装制图时采用的计算公式的比例系数求取，其具体方法为：相关比例系数与相关部位规格档差之积，即推板数值 = 比例系数 × 相关部位规格档差。也可以通过造型结构的整体协调性处理相关部位的推板数值。

3. 服装推板位移量

服装推板位移量是指根据服装推板数值,在推板公共线确定的条件下,具体分配到各个部位的数据。

四、服装推板基准点与公共线

1. 服装推板基准点

服装推板基准点是指服装推板中各档规格的重叠点。基准点的确定直接关系到服装样板的推移方向。基准点可以是推板图中的任何一点。基准点的选位是确定公共线的前提条件。见图 2-5。

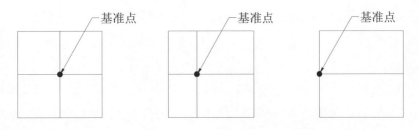

图 2-5 基准点示意图

2. 服装推板公共线

服装推板公共线是指服装推板中各档规格的重叠线。公共线的确定直接关系到服装样板的推移方向。公共线的确定是以基准点的选位为前提条件的。

（1）公共线的特征：重叠、不推移。当公共线一旦被确定，其就成为服装推板中的不变线条，并以其为参照线来推移其他线条。

（2）公共线的设立条件：

①公共线必须是直线或曲率非常小的弧线；

②公共线应选用纵、横方向的线条；

③公共线之间应互相垂直。

（3）公共线的确定原则：

①有利于服装款式造型、结构与服装标准样板保持一致；

②有利于图面线条的清晰度；

③有利于提高服装推板的速度。

（4）常见服装推板公共线见表 2-3。

表 2-3 服装推板公共线

上装	衣片	纵向	前、后中心线，胸、背宽线
		横向	上平线、袖窿深线、衣长线
	衣袖	纵向	袖中线、前袖侧线
		横向	上平线、袖山高线
	衣领	纵向	领中线
		横向	领宽线
下装	裤装	纵向	前、后挺缝线，侧缝直线
		横向	上平线、直裆高线、裤长线
	裙装	纵向	前、后中线，侧缝线
		横向	上平线、臀高线、裙长线

五、服装推板线条的推移方向

服装推板线条的推移是以推板公共线为参照线来决定其推移方向的。推板公共线的选择不同，服装推板线条就会产生相应的推移方向。下面介绍推移方向的变化规律。

1. 单向放缩推移

单向放缩推移是将图形的纵、横向公共线均设置在图形一边的边缘线上，使推板线条的推移在纵向与横向均为单方向推移，见图 2-6。在服装推板中，上装公共线在纵向选择前、后中线，在横向选择上平线；裤装公共线在纵向选择前、后侧缝线，在横向选择上平线。其即为单向放缩推移。

2. 双向放缩推移

双向放缩推移是将图形纵、横向公共线均设置在图形的中间，使推板线条的推移在纵向与横向均为双向推移，见图 2-7。在服装推板中，上装公共线在纵向选择胸背宽线，在横向选择袖窿深线；裤装公共线在纵向选择前、后挺缝线，在横向选择直裆高线。其即为双向放缩推移。

3. 单双向放缩推移

单双向放缩推移是将图形的纵、横向公共线的一边设置在边缘线上，另一边设置在图形的中间，使推板线条在纵向（横向）为单向放缩，在横向（纵向）为双向放缩，见图 2-8。在服装推板中，上装公共线在纵向选择前、后中线，在横向选择袖窿深线；裤装公共线在纵向选择前、后挺缝线，在横向选择上平线。其即为单双向放缩推移。

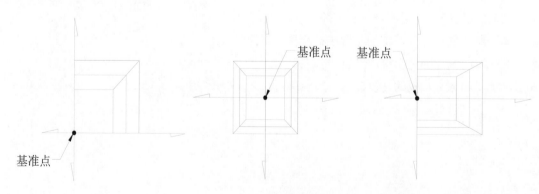

图 2-6 单向放缩示意图   图 2-7 双向放缩示意图   图 2-8 单双向放缩示意图

第三节 服装推板与相关因素的关系

服装推板在掌握基本方法的基础上，要使推板达到要求，还必须考虑服装推板与人体的关系、服装推板与规格档差的关系、服装推板的比例系数的合理运用、服装推板的精确性与模糊性的关系等诸多因素。只有全面综合的处理好这些诸多因素之间的关系，才能使服装推板达到符合人体穿着的要求。

一、服装推板与人体的关系

服装推板是以服装基准样板与系列化规格为依据，对服装样板作缩放处理的全过程。服装推板要求款式不变，对基准样板作规格大小的变化，因此系列化规格的设定是服装推板的关键所在。而系列化规格设定的依据不同，推出的样板也会有所不同。系列化规格的设定方法有多种，下面例举两种较为常见的系列化规格的设定方法。

1. 以图形为本的系列化规格设定法

它要求推板完成的图形百分之百的不变形，类似于照片、地图、工程制图缩放所使用的方法，即图形的相似变换。它采用确定一个既定的档比数值，将服装各体系的基准样板按该档比进行推板，得到各体系的同一款服装的系列样板的方法。具体推板时，为了保证样板各部位缩放的图形的形状不变，推板中各关键点需要应用数学规律进行统一的缩放比。具体方法为，从同一个缩放中心点向服装样板中各关键点作射线，缩放的大小样板中各关键点总是处在各自对应的射线上。见图2-9（a）。

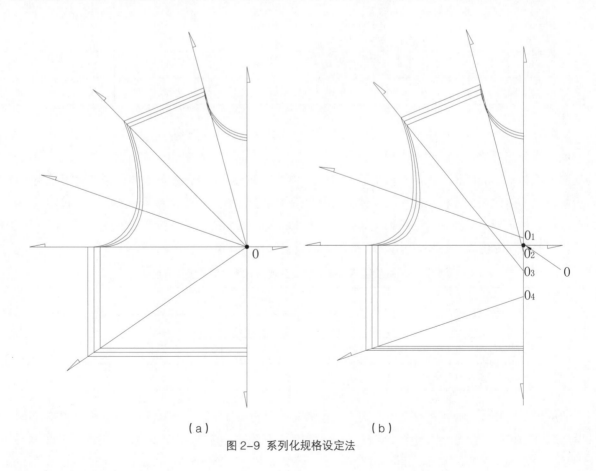

（a）　　　　　　　　　　　（b）

图2-9 系列化规格设定法

2. 以人体为本的系列化规格设定法

将系列化规格设定在符合人体体型的基础上。由于《服装号型》标准是以人体体型变化为基础建立的，所以应以《服装号型》标准为依据来确定推板的分档数值，但各部位分档数值是不同的，这就造成了缩放中各关键点的缩放比不同。就图形而言，它们就不完全是图形的相似变换。就人体而言，该服装推板符合了人体的体型。具体推板时，连接服装样板中相应各关键点的直线不能集中相交于一点。见图2-9（b）。

从数学的角度看，服装推板的原理来自于数学中任意图形的相似变换。因此推板完成的样板与标准样板应是相似图形，即经过扩大或缩小的样板与标准样板应结构相符。但由于服装是为人体服务的，因此在推板中，应将人体的需要放在第一位。服装是人体的第二层皮肤，因此人体的体型与服装推板的关系极为密切。服装样板符合人体体型是推板的首要条件。就工业化成衣而言，其以正常人体体型范围的人群为主要对象，而人体体型的各部位规格变化不是按"$y=ax$"线性方程来发育变化的，因此绝对不能用以图形为本的规格设定法。由此可见，研究人体体型的变化规律就显得相当重要，而人体体型在服装推板中的具体体现，便是中国《服装号型》标准中的规格分档数值。下面表2-4所示是《服装号型》标准中女性体型的规格分档数值。

表2-4　《服装号型》规格系列分档档差数值表（/cm）

性别	体型分类	胸腰围差	系列	中间体		服装规格分档档差数值							
				上衣	裤子	衣长	胸围	袖长	领围	肩宽	裤长	腰围	臀围
女	Y	19～24	5·4	160/84	160/64	2	4	1.5	0.8	1	3	4	3.6
	A	14～18	5·4	160/84	160/68	2	4	1.5	0.8	1	3	4	3.6
	B	9～13	5·4	160/88	160/78	2	4	1.5	0.8	1	3	4	3.2
	C	4～8	5·4	160/88	160/82	2	4	1.5	0.8	1	3	4	3.2

图形的相似性与人体体型的适应性之间，应以人体体型的适应性为重，即根据《服装号型》标准中的规格分档数值扩大或缩小样板。因为服装样板有别于照片、地图、工程制图等的缩放，服装样板受到人体各个年龄段体型、男女体型及个体体型的复杂变化的限制，而且人体体型变化不是简单线性函数关系，因此服装推板应遵循人体体型的变化规律才会具有实用性。在服装推板的实践中，往往还会产生一号多型、一型多号的现象，如：在围度规格变化的同时，长度规格微变或不变；同一胸围不同体型的肩宽变化等。表2-5所示为同胸围不同体型的肩宽规格分档数值比较。

表2-5　同胸围不同体型的肩宽规格分档数值比较（/cm）

部位	体型				档差数值
	Y	A	B	C	
男子胸围88cm的肩宽	44.0	43.6	43.2	42.8	0.4
女子胸围88cm的肩宽	41	40.4	39.8	39.2	0.6

从表2-5的数据变化可以看出：其一，在胸围相同的条件下，由于体型的类型（胸腰差）不同，其肩宽并不相同。胸腰差越大，肩越宽；胸腰差越小，肩越窄。其二，男、女体型在相同胸围的条件下，男子肩宽宽于女子的。其三，相同体型条件下，男女肩宽差为Y=3cm、A=3.2cm、B=3.4cm、C=3.6cm；不同体型条件下，女子肩宽的变化量大于男子的。此表充分说明人体体型的变化是客观的。人体体型

变化会受到一定的人群之间的差异性（个体的、微小的差异性除外）的影响，如男、女体型的差异以及不同年龄段的差异等。这些差异性在服装推板中应予以足够的重视，否则将会影响人体的适应性。由此看来，研究人体体型变化规律就显得相当重要。在服装推板中，人体的适应性是第一位的。

二、服装规格系列的等比例与不等比例的处理方法

在服装推板具体实践中，服装规格系列的设定有两种常见的方法：一是规格系列的等比例设定法；二是规格系列的不等比例设定法。在服装推板档数较少的情况下，数据差异较小，可以忽略不计，因此经常采用规格系列的等比例设定法；但在档数较多的情况下，则应采用规格系列的不等比例设定法。

1. 规格系列的等比例设定法

所谓规格系列的等比例设定法就是围度或围度与宽度之间的规格比例相同，如裤装与裙装中的臀与腰围比例相等、上衣中的肩宽与胸围比例相等。

（1）规格系列等比例设定列表，如表 2-6、表 2-7 所示。

表 2-6 裤装（女）规格系列的等比例设定列表（/cm）

部位	号型			规格档差
	165/72A	170/76A	175/80A	
	S	M	L	
裤长	97	100	103	3
直裆	28	28.5	29	0.5
腰围	75	79	83	4
臀围	100	104	108	4
中档	24	25	26	1
脚口	23	24	25	1
腰宽	4	4	4	0

表 2-7 男上装 A 体型规格系列的等比例设定列表（/cm）

部位	号型			规格档差
	165/84A	170/88A	175/92A	
	S	M	L	
衣长	73	75	77	2
胸围	104	108	112	4
肩宽	44.8	46	47.2	1.2
袖长	60.5	62	63.5	1.5
领围	39	40	41	1

由表 2-6 所示，裤装中的臀腰围差的规格档差数值相等，在推板中按此规格系列的比例推出的图形与原基准样板的形状相同。在样板档数较少的情况下（一般为 3～5 档），相对误差较小，不影响人体体型的适应性。为了推板过程的方便性，在实践中经常采用此方法。由表 2-7 所示，上装中男装的规格系列根据男性的体型在规格的设定上符合等比例的要求，在胸围档差 4cm 的前提下，肩宽档差为 1.2cm，在肩宽与胸宽的推板中能按等比例设定法操作。

（2）规格系列等比例推板图例。

①裤装推板图（图2-10）。

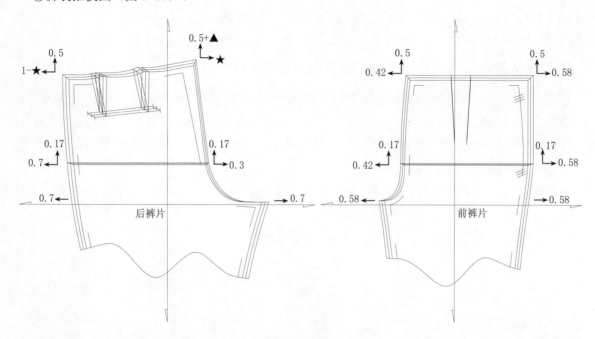

图2-10　裤装等比例推板示意图

②男上装推板图（图2-11）。

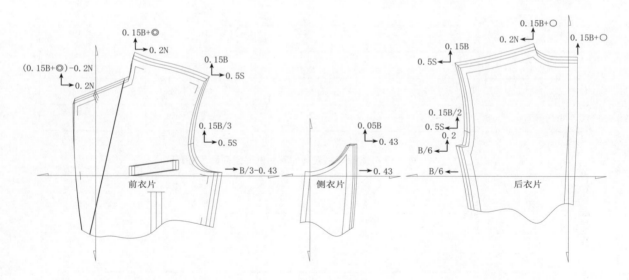

图2-11　男上装等比例推板示意图

2. 规格系列的不等比例设定法

所谓规格系列的不等比例设定法就是围度或围度与宽度之间的规格比例不相同，如裤装与裙装中的臀与腰围比例不相等、上衣中的肩宽与胸围比例不相等。

（1）规格系列不等比例设定列表，见表2-8～表2-10。

表 2-8　A 体型裤装（女）规格系列的不等比例设定法列表（/cm）

部位	号型					规格档差
	155/64A	160/68A	165/72A	170/76A	175/80A	
	XS	S	M	L	XL	
裤长	91	94	97	100	103	3
直裆	27	27.5	28	28.5	29	0.5
腰围	67	71	75	79	83	4
臀围	92.8	96.4	100	103.6	107.2	3.6
中裆	22	23	24	25	26	1
脚口	21	22	23	24	25	1
腰宽	4	4	4	4	4	0

表 2-9　B 体型裤装（女）规格系列的不等比例设定法列表（/cm）

部位	号型					规格档差
	155/74B	160/78B	165/82B	170/86B	175/90B	
	XS	S	M	L	XL	
裤长	91	94	97	100	103	3
直裆	27	27.5	28	28.5	29	0.5
腰围	77	81	85	89	93	4
臀围	103.6	106.8	110	113.2	116.4	3.2
中裆	23	24	25	26	27	1
脚口	22	23	24	25	26	1
腰宽	4	4	4	4	4	0

表 2-10　女上装 A 体型规格系列的不等比例设定列表（/cm）

部位	号型			规格档差
	155/80A	160/84A	165/88A	
	S	M	L	
衣长	62	64	66	2
胸围	92	96	100	4
肩宽	39	40	41	1
袖长	56.5	58	59.5	1.5
领围	35.2	36	36.8	0.8

　　由表 2-8、表 2-9 可知，裤装中的臀腰围差的规格档差数值不相等，在推板中按此规格系列的比例推出的图形与原基准样板的形状不相同。在样板档数较多的情况下（一般为 5 档以上），为了不影响人体体型的适应性，在实践中经常采用此方法。由表 2-10 可知，上装中女装的规格系列根据女性的体型在规格的设定上不符合等比例的要求，在胸围档差 4cm 的前提下，肩宽档差为 1cm，在胸围与胸

宽的推板中不能按比例操作，而应根据实际情况进行平衡处理。

（2）规格系列不等比例推板图例。

①裤装A体型推板图（图2-12）。

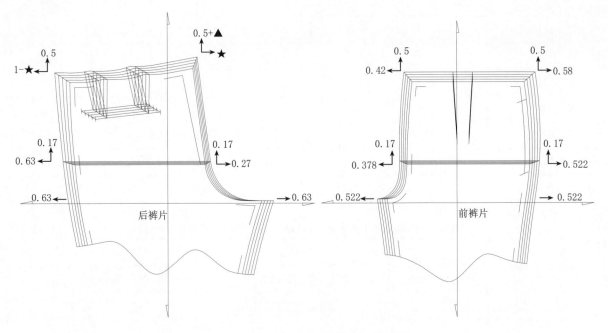

图2-12　裤装A体型不等比例推板示意图

②裤装B体型推板图（图2-13）。

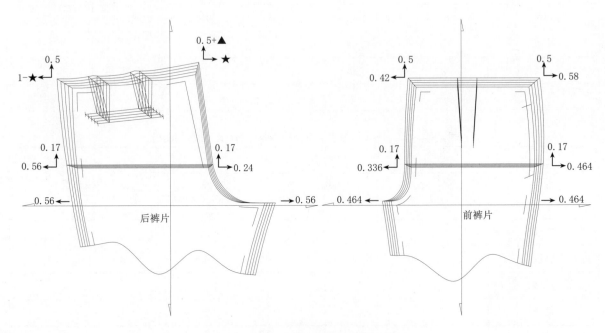

图2-13　裤装B体型不等比例推板示意图

③女上装A体型推板图（图2-14）。

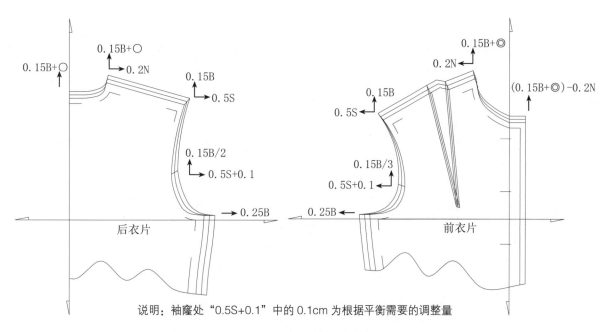

说明：袖窿处"0.5S+0.1"中的 0.1cm 为根据平衡需要的调整量

图 2-14　女上装 A 体型不等比例推板示意图

3. 规格系列设定法细节解析

（1）裤装不等比例设定法中臀与腰围推板规格解析

在裤装不等比例推板规格中，由于臀与腰围的规格档差数值不等，因此臀与腰围的推板数值也是不同的。如何合理的分配臀与腰围的推板数值，对服装推板的精确性有很大的影响。以 B 体型女裤装为例，对臀与腰围的推板数值作分析。

B 体型裤装的腰围规格档差（W'）=4cm；臀围规格档差（H'）=3.2cm。

如图 2-15 所示，在裤前片的推板图上：

前横裆宽度的规格档差 =1/2（0.25H'+0.04H'）=1/2（0.8+0.128）=0.464cm

前臀围近前裆线一侧规格档差 =0.464 - 0.04H'=0.464 - 0.128=0.336cm

前臀围近前侧缝一侧规格档差 =0.25H' - 0.336=0.8 - 0.336=0.464cm

由于前腰围的规格档差大于前臀围的规格档差数值，前腰围的推板数值在挺缝线两侧的数据分配合理与否，会影响到裤片臀高线以上的侧线与前裆线的形状。下面例举三种方法进行分析与比较，以探讨其合理性。

①腰围规格档差按臀围规格档差在前裆线与侧线同比例分配。

根据臀围在侧线的推板数值 0.464cm，可以测算出：臀围规格档差在侧线的比例是 0.464/0.8=0.58 =58%，在前裆线的比例为 100%-58%=42%。腰围规格档差与臀围规格档差同比例分配。由于前腰围的规格档差为 0.25W'=1cm，因此，腰围在侧线一侧为 1×58%=0.58cm，在前裆线一侧为 1×42%=0.42cm。此方法使侧线与前裆线的弧度变化较为平衡，一般情况下建议使用此方法。见图 2-15。

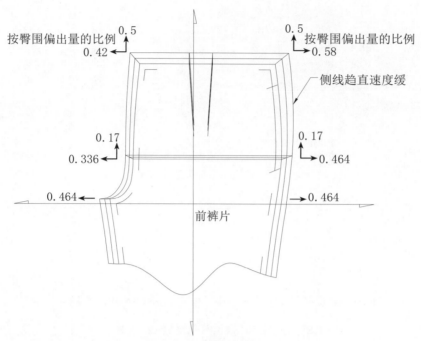

图 2-15　前裤片推板图方法一

②腰围规格档差在前裆线一侧与臀围推板数值相同。

根据臀围在前裆线一侧的推板数值 0.336cm，推出腰围在前裆线一侧同样为 0.336cm。由于腰围的规格档差为 0.25W'=1cm，因此腰围在侧线一侧的推板数值为 1－0.336=0.664cm。此方法中侧线的弧度趋直的速度较前一种快。当基准样板前裆线为直线或劈势量较小时，应采用此方法，以免前裆线外斜或过直，但当需推板的样板档数大于 5 档时，会造成侧线过直或外斜，因此不宜使用。见图 2-16。

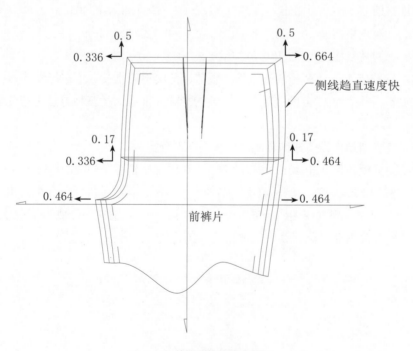

图 2-16　前裤片推板图方法二

③腰围规格档差在前裆线、侧线及前裥中适量分配。

根据臀围在前裆线一侧的推板数值0.336cm，推出腰围在前裆线一侧的推板数值同样为0.336cm。由于腰围的规格档差为0.25W'=1cm，因此腰围还需推出 1 - 0.336=0.646cm。当需推板的样板档数大于5档时，如将0.646cm全部放在侧线处，会造成侧线过直或外斜，在这种情况下可在前裥量上加大裥量，以调节侧线的弧度达到裤片的平衡。见图2-17。

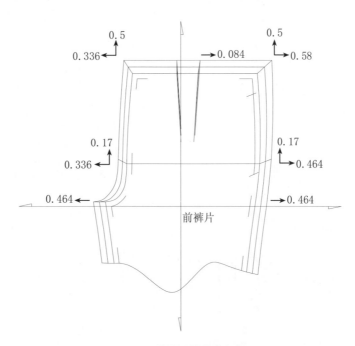

图2-17 前裤片推板图方法三

（2）上装不等比例设定法中肩宽与胸宽推板规格解析

在服装推板的实践中有以下两种操作方法，下面分别进行分析与比较，以探讨其合理性。

①肩宽与胸宽同步推移。如图2-19所示，在女装前衣身的推板图上：

肩宽规格档差 =S/2=0.5cm；

胸宽规格档差 =0.5cm，按肩宽同步；

胸围规格档差 =1cm。

由于胸围的规格档差与肩宽的规格档差数值的差数是0.5cm，且根据其基准样板测算出胸宽宽度约占前胸围的70%，前袖窿宽约占30%（见图2-18），又由于女性的体型在此部位呈正梯形，因此肩宽与胸宽同步推板，虽然满足了袖窿上段弧线的图形相似的要求，但胸宽与前袖窿宽的比例无法满足体型的要求。因为根据此方法，胸宽的放缩比例与前袖窿宽的放缩比例均为50%，其推板结果是，胸宽的比例越推越小，前袖窿宽则越推越大。因此，此方法显然不具备完全的合理性。

②肩宽与胸宽不同步推移。如图2-20所示，在女装前衣身推板图上：

肩宽规格档差 =S/2=0.5cm；

胸宽规格档差 = ▼，按M点至N点间经胸宽高线的胸宽偏出量；

胸围规格档差 =1cm。

由于胸围的规格档差与肩宽的规格档差数值的差数是0.5cm，且根据其基准样板测算出胸宽宽度约占前胸围的70%，前袖窿宽约占30%，又由于女性的体型在此部位呈正梯形，因此肩宽与胸宽不同步推板，虽然不能满足袖窿上段弧线的图形相似的要求，但胸宽与前袖窿宽的比例可以满足体型的要求。

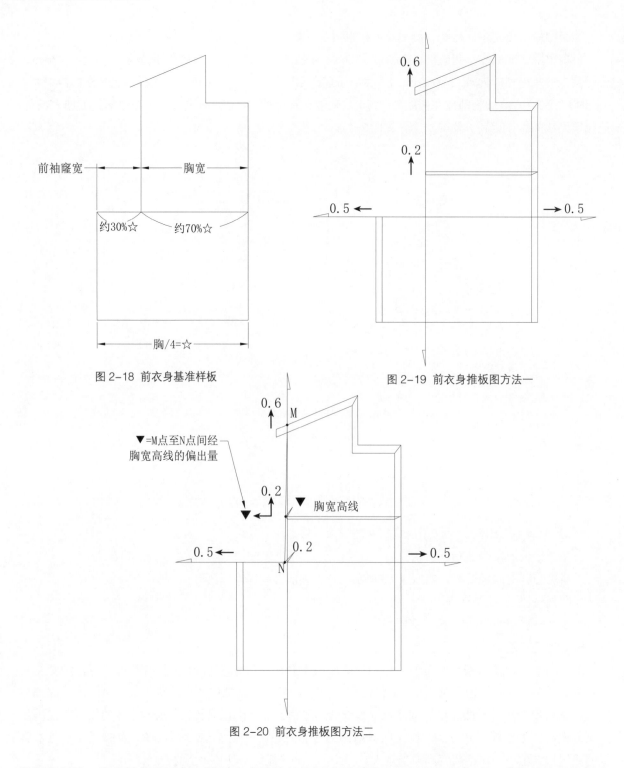

图 2-18 前衣身基准样板

图 2-19 前衣身推板图方法一

图 2-20 前衣身推板图方法二

根据此方法，胸宽的放缩比例与前袖窿宽的放缩比例满足了基准样板的比例要求，其推板结果是，胸宽的比例与前袖窿宽的比例与基准样板吻合。由于此方法满足了体型要求，因此此方法显然具备女装推板的合理性。

三、不同的比例系数与服装推板的关系

在服装衣片结构的构成中，有些部位大小会用主要部位（如胸围、臀围）的规格来推导，推导时一般会确定一个比例系数，如袖窿深可用 0.2B、0.15B、0.1B 等确定。细究这些比例系数的来源，从中可以发现，根据一个相同的规格经验数值可确定相应的由这些比例系数构成的计算公式。这仅适用

于中间体规格。

　　例如，选取中间体规格胸围（B）为100cm的衣身，按经验值可得出袖窿深为20cm。由前述可知，中间体规格时无论选用哪个比例系数，其袖窿深的计算结果都应为20cm。由此可得出如下计算式：

　　①选用的比例系数为0.2时，则计算式为：0.2B=0.2×100=20cm；

　　②选用的比例系数为0.15时，则计算式为：0.15B+5=0.15×100+5=20cm；

　　③选用的比例系数为0.1时，则计算式为：0.1B+10=0.1×100+10=20cm。

　　但在推板中由于规格大小的变化，当选用不同的比例系数时得到的推板数值结果会有较大的差异。下面列举当胸围规格档差同为4cm时，选用不同比例系数时的结果，以此证明选用合适的比例系数对推板的重要性。

　　例如，当胸围规格档差（B'）为4cm时（图2-21）：

　　①选用的系数为0.2时，则袖窿深的推板数值为0.2B'=0.2×4=0.8cm；

　　②选用的系数为0.15时，则袖窿深的推板数值为0.15B'=0.15×4=0.6cm；

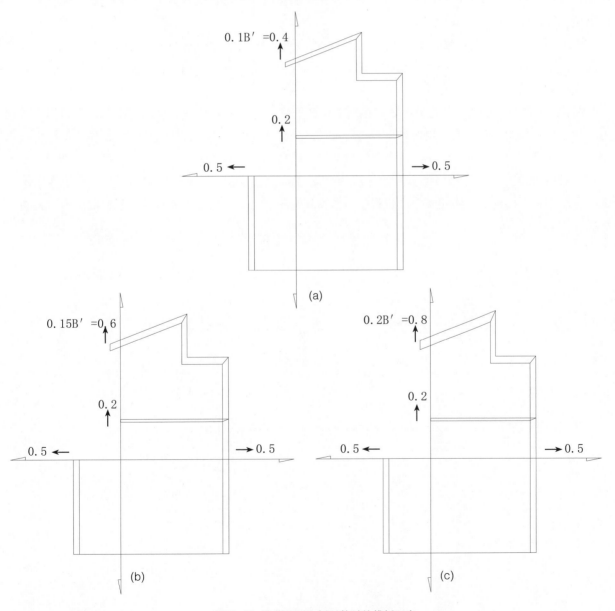

图2-21　选用不同比例系数时的推板示意

③选用的系数为 0.1 时，则袖窿深的推板数值为 0.1B'=0.1×4=0.4cm。

由上述数据可以看到，虽然胸围规格档差相同，但比例系数不同则推板数值也不同。这样的结果显然不符合体型对服装推板的要求，即胸围档差相同则同一部位的推板数值理应相同。这就证明以上有些比例系数是不符合体型对规格推导的要求。综观上述比例系数，不难看出其结果数据处于中间状态时较为符合体型的要求，因此应选用 0.15 为推板的比例系数较为合适。

四、服装推板模糊性与精确性的关系

服装推板中的模糊性是指在服装推板档数较少的情况下（一般指 3～5 档），在次要部位的数据处理可以进行简单化处理，以减少推板的程序，达到速度快的目的。

服装推板中的精确性是指在服装推板档数较多的情况下（一般指 5～10 档或 10 档以上），应以推板的精确性为前提，哪怕是次要部位也要精确化处理，以免因简单化处理而引起服装推板的误差。

服装推板与服装规格关系密切，在样板档数较少的情况下，即使有误差也是微量的，不足以影响服装样板的质量。在样板档数较多的情况下，即使是微量的误差，但因档数多造成的累积误差也足以影响服装样板的质量。

例 1： 裤装的臀高线推移。在样板档数较少的情况下，公共线设定在横档线上时，因 0.17cm 的推移量属微量推移，因此忽略不计，可不作推移。但在样板档数较多时，由于档数的累积量使微量的推移量变得不再微量，应作精确的推移。

例 2： 袋口的大小推移。这里的袋口指所有服装的袋口。在样板档数较少的情况下，因其推移量为微量，对袋口的影响不大，袋口大小可不作推移，保持一样的大小。在服装生产中，如能保持袋口大小一致，将简化服装生产程序。但在样板档数较多的情况下，袋口大小应作一定的推移。推移时可采用二档推移法，即不是每档都推，而是第一至第二档不变，第二至第三档推移，第三至第四档不变，第四到第五档推移，依此类推。达到在不影响质量的前提下，尽可能简化生产程序的目的。见图 2-22。

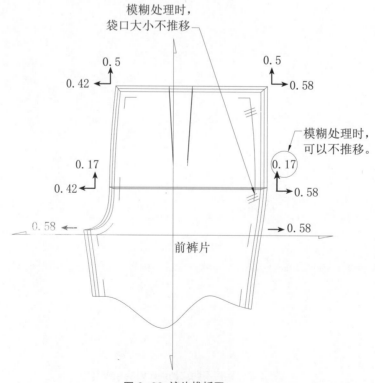

图 2-22　裤片推板图

在服装推板中还有很多类似的例子，这里就不一一列举了。

思考题：

1. 简述服装推板的基本原理和方法？
2. 简述服装推板的依据？
3. 服装推板有哪些要素？
4. 服装推板的规格系列变化的特点是什么？

第三章 裙装样板制作

裙装的款式千变万化，其样板制作与裙装款式有密切的关系。总体来说，裙装可分为基本款与变化款。基本款如直裙、A字裙、斜裙等。变化款则是在基本款基础上进行各种款式变化的裙装。限于篇幅，本教材将以基本款包括直裙（一步裙）、A字裙及变化款包括低腰插角裙与A字型裥裙为例，对裙装的样板制作的方法进行展开。

第一节 基本款裙装样板制作

基本款裙装包括直裙、A字裙、斜裙等。直裙又有一步裙、旗袍裙及西装裙等。下面以直裙中的一步裙及A字裙为例，对裙装基本款作具体介绍。

一、一步裙样板制作

（一）一步裙款式细节

如图3-1所示。

裙腰：中腰型直腰。

裙片：前、后裙片的左右各设一个腰省；后中设中缝，其上端装拉链，下端设裙衩；左右两边侧缝线略向内倾斜。

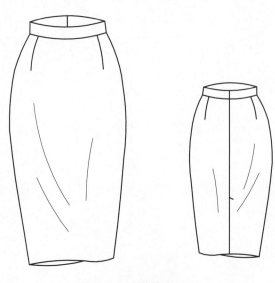

图3-1 一步裙款式图

（二）一步裙规格

一步裙规格如表 3-1 所示。

表 3-1 一步裙规格（/cm）

号型	裙长	腰围	臀围	腰头宽
160/72B	60	74	94	3.5

（三）一步裙结构图

一步裙结构图如图 3-2 所示。

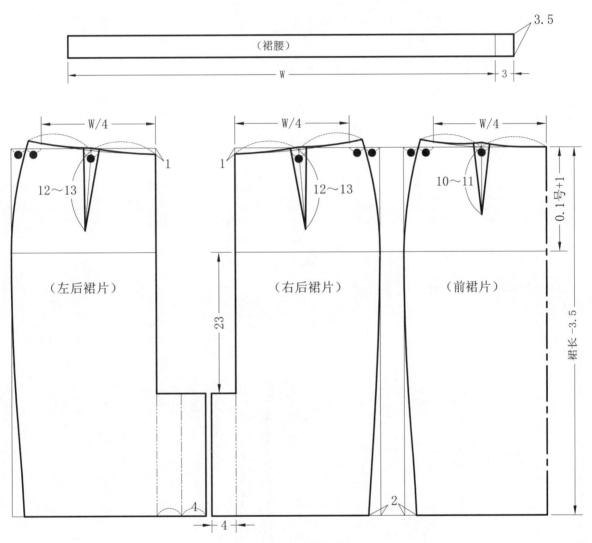

图 3-2 一步裙的结构图

（四）一步裙样板制作

1. 一步裙面板制作（图 3-3）

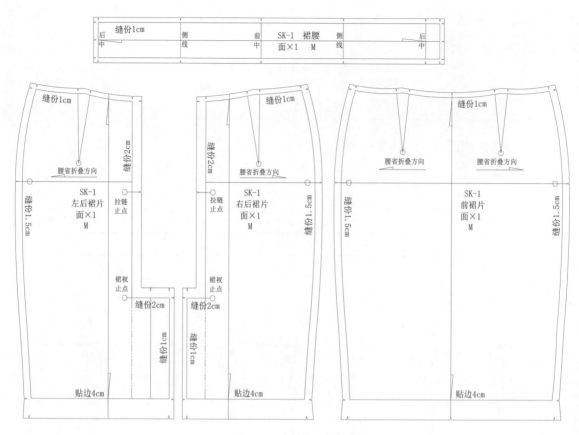

图3-3 一步裙的面板制作

2. 一步裙里板制作（图3-4、图3-5）

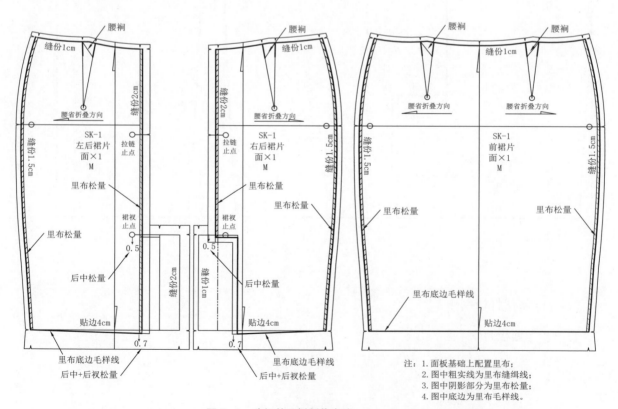

注：1. 面板基础上配置里布；
2. 图中粗实线为里布缝缉线；
3. 图中阴影部分为里布松量；
4. 图中底边为里布毛样线。

图3-4 一步裙的里板制作方法

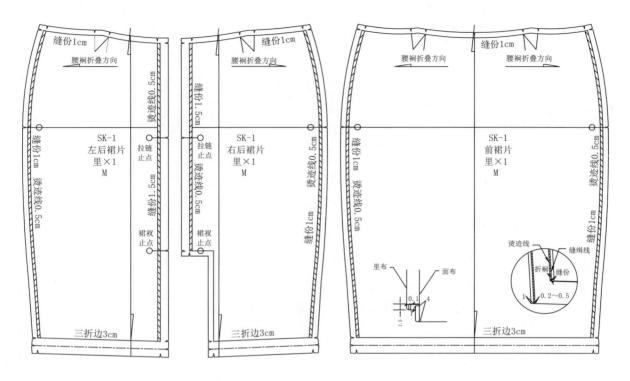

图 3-5 一步裙的里板

3. 一步裙衬板制作（图 3-6、图 3-7）

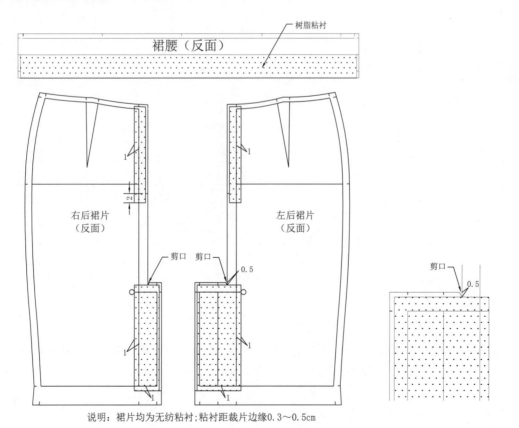

说明：裙片均为无纺粘衬；粘衬距裁片边缘0.3～0.5cm

图 3-6 一步裙的衬板制作方法

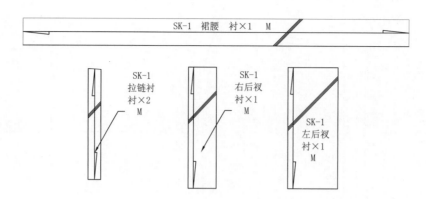

图 3-7 一步裙的衬板

（五）一步裙推板

1. 一步裙的腰、臀围等差系列推板

（1）一步裙的腰、臀围等差系列推板规格（表 3-2）。

表 3-2　一步裙的腰、臀围等差系列推板规格（/cm）

部位	号型规格			规格档差
	155/70B	160/72B	165/74B	
	S	M	L	
裙长	58	60	62	2
腰围	72	74	76	2
臀围	92	94	96	2
臀高	16.5	17	17.5	0.5
摆围	84	86	88	2
腰头宽	3	3	3	0

（2）一步裙的腰、臀围等差系列规格档差与推板数值处理（表 3-3）。

表 3-3　一步裙的腰、臀围等差系列规格档差与推板数值（/cm）

部位	规格档差	比例分配系数 × 规格档差 + 调整值	推档数值
裙长	2	—	2
腰围	2	0.25 腰围档差	0.5
臀围	2	0.25 臀围档差	0.5
摆围	2	0.25 臀围档差	0.5
腰头宽	0	—	0

说明：①表中数据如"0.25 腰围档差"，则表示调整值无或为 0。②表中如摆围等部位参照主要部位如臀围等的推板规格档差；上装中主要部位为胸围。全书后同。

（3）一步裙的腰、臀围等差系列公共线设定。

前片：前中线—臀高线。后片：后中线—臀高线。裙腰与零部件：某一端为公共线。

（4）一步裙的腰、臀围等差系列推板图（图 3-8）。

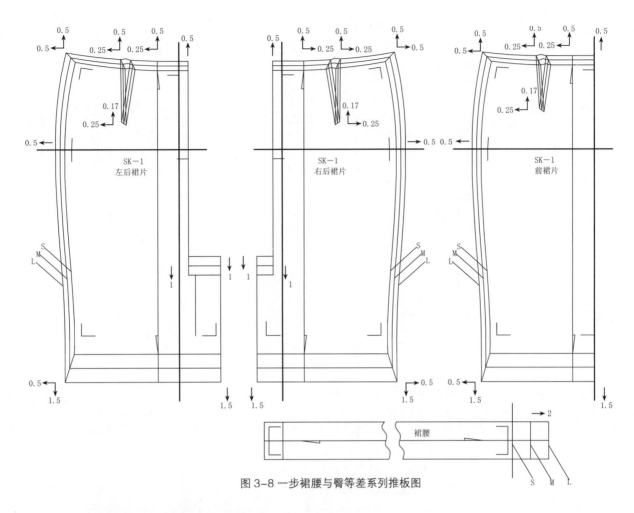

图 3-8 一步裙腰与臀等差系列推板图

2. 一步裙腰与臀围不等差系列推板

（1）一步裙腰与臀围不等差系列推板规格（表 3-4）。

表 3-4 一步裙腰与臀围不等差系列推板规格（/cm）

部位	155/70B	160/72B	165/74B	规格档差
	S	M	L	
裙长	58	60	62	2
腰围	72	74	76	2
臀围	92.4	94	95.6	1.6
臀高	16.5	17	17.5	0.5
摆围	84.4	86	87.6	1.6
腰头宽	3	3	3	0

（2）一步裙腰与臀围不等差系列规格档差与推板数值处理（表 3-5）。

表 3-5 一步裙腰与臀围不等差系列规格档差与推板数值（/cm）

部位	规格档差	比例分配系数 × 规格档差 + 调整值	推档数值
裙长	2	—	2
腰围	2	0.25 腰围档差	0.5
臀围	1.6	0.25 臀围档差	0.4
摆围	1.6	0.25 臀围档差	0.4
腰头宽	0	—	0

（3）一步裙腰与臀围不等差系列公共线设定。

前片：前中线—上平线。后片：后中线—上平线。裙腰与零部件：某一端为公共线。

（4）一步裙腰与臀围不等差系列推板图（图3-9）。

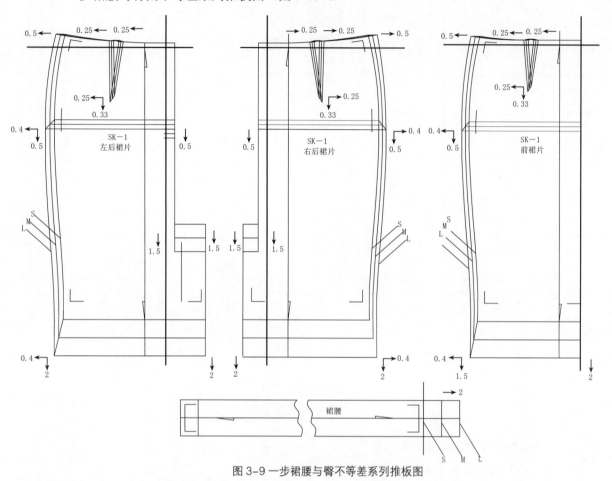

图3-9 一步裙腰与臀不等差系列推板图

二、A字裙样板制作

（一）A字裙款式细节

如图3-10所示。

裙腰：中腰型直腰。

裙片：前、后裙片的左右各设一个腰省；后中设中缝，其上端装拉链；两边侧缝线略向外倾斜。

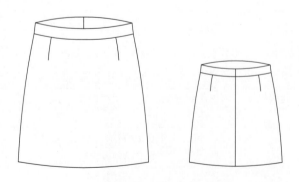

图3-10 A字裙款式图

（二）A 字裙设定规格

如表 3-6 所示。

表 3-6 A 字裙规格表（/cm）

号型	裙长	腰围	臀围	腰头宽
160/68A	55	70	96	4

（三）A 字裙结构图

如图 3-11 所示。

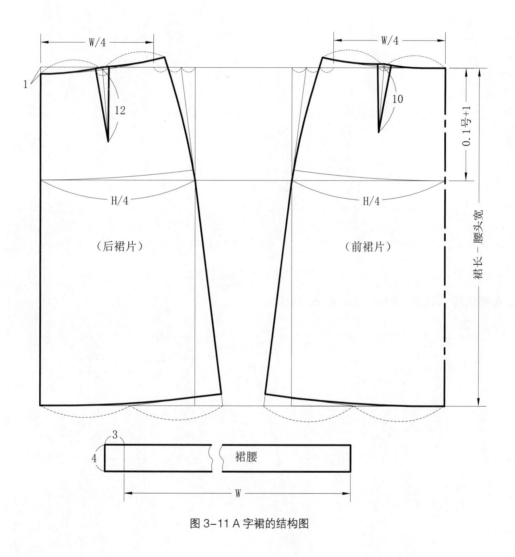

图 3-11 A 字裙的结构图

（四）A 字裙样板制作

1. A 字裙面板制作（图 3-12）

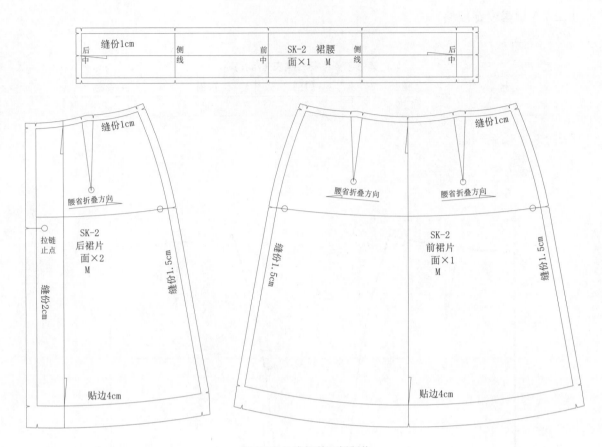

图 3-12 A 字裙的面板制作

2. A 字裙里板制作（图 3-13、图 3-14）

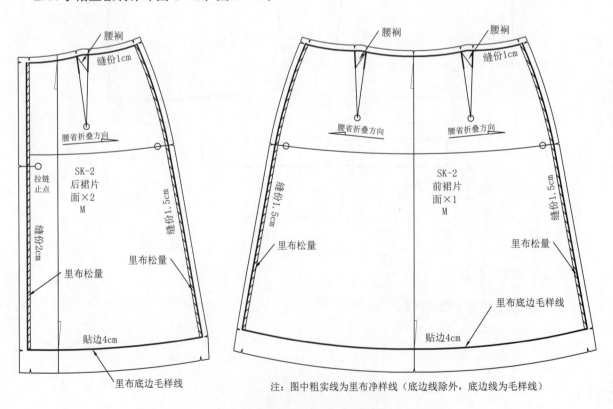

注：图中粗实线为里布净样线（底边线除外，底边线为毛样线）

图 3-13 A 字裙里板的制作方法

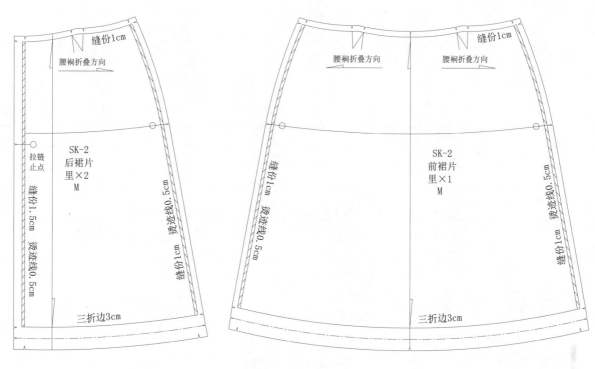

图 3-14 A 字裙的里板

3. A 字裙衬板制作（图 3-15）

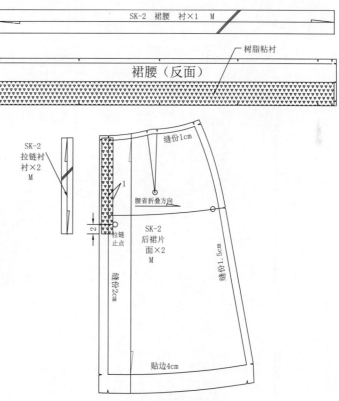

说明：裙片均为无纺粘衬；粘衬距裁片边缘0.3～0.5cm

图 3-15 A 字裙的衬板

（五）A 字裙推板

1. A 字裙的腰、臀围等差系列推板

（1）A 字裙的腰、臀围等差系列推板规格（表 3-7）。

表 3 -7 A 字裙的腰、臀围等差系列推板规格（/cm）

部位	155/66A	160/68A	165/70A	规格档差
	S	M	L	
裙长	53	55	57	2
腰围	68	70	72	2
臀围	94	96	98	2
臀高	16.5	17	17.5	0.5
腰头宽	4	4	4	0

（2）一步裙的腰、臀围等差系列规格档差与推板数值处理（表 3-8）。

表 3 -8 一步裙的腰、臀围等差系列规格档差与推板数值（/cm）

部位	规格档差	比例分配系数 × 规格档差 + 调整值	推档数值
裙长	2	—	2
腰围	2	0.25 腰围档差	0.5
臀围	2	0.25 臀围档差	0.5
腰宽	0	—	0

（3）A 字裙的腰、臀围等差系列公共线设定。

前片：前中线—臀高线。后片：后中线—臀高线。裙腰与零部件：某一端为公共线。

（4）A 字裙的腰、臀围等差系列推板图（图 3-16）。

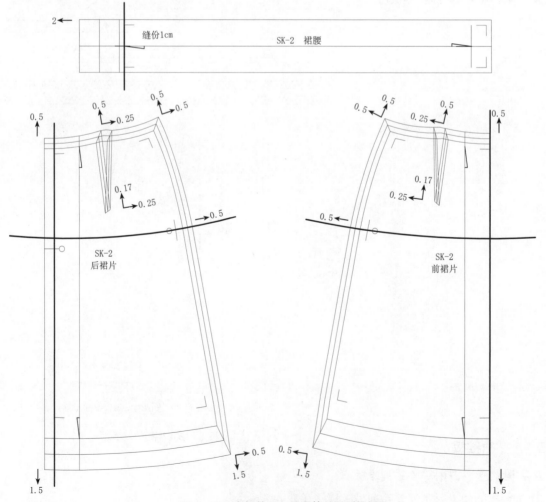

图 3-16 A 字裙的腰、臀围等差系列推板图

2. A 字裙腰与臀围不等差系列推板

（1）A 字裙腰与臀围不等差系列推板规格（表 3-9）。

表 3-9 A 字裙腰与臀围不等差系列推板规格 （/cm）

部位	155/66A	160/68A	165/70A	规格档差
	S	M	L	
裙长	53	55	57	2
腰围	68	70	72	2
臀围	94.4	96	97.6	1.6
臀高	16.5	17	17.5	0.5
腰头宽	4	4	4	0

（2）A 字裙腰与臀围不等差系列规格档差与推板数值处理（表 3-10）。

表 3-10 A 字裙腰与臀围不等差系列规格档差与推板数值（/cm）

部位	规格档差	比例分配系数 × 规格档差 + 调整值	推档数值
裙长	2	—	2
腰围	2	0.25 腰围档差	0.5
臀围	1.6	0.25 臀围档差	0.4
腰宽	0	—	0

（3）A 字裙腰与臀围不等差系列公共线设定

前片：前中线—上平线。后片：后中线—上平线。裙腰与零部件：某一端为公共线。

（4）A 字裙腰与臀围不等差系列推板图（图 3-17）

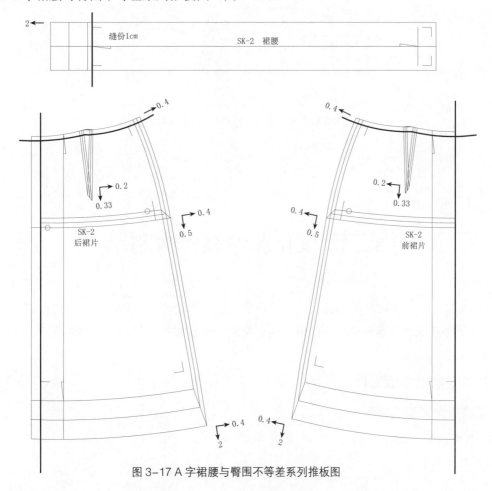

图 3-17 A 字裙腰与臀围不等差系列推板图

（5）A字裙腰与臀围不等差系列的腰省推板图解析（图3-18）。

为了满足体型的差异，腰臀差不同步的情况是大量存在的。一般情况下，腰围的规格档差会略大于臀围的规格档差。本款的腰围规格档差为2cm，臀围规格档差为1.6cm。

按上述腰与臀围的规格档差，分配到1/4裙片上，其结果是：腰围的推档数值为1/4腰围规格档差=0.5cm，臀围的推档数值为1/4臀围规格档差=0.4cm。

其推档数值的具体处理可有以下两种方法：

①按实际分配数值（即腰围推档数值=0.5cm、臀围推档数值=0.4cm）推移。

②保持腰、臀围在侧缝的推移数据一致，其扩大档腰围未推移的0.1cm，处理为将腰省缩小0.1cm。

第一种方法推移简单，但侧缝明显与原造型不吻合。对侧缝造型无要求的裙装可采用此方法。前述的一步裙腰与臀围不等差系列推板采用的就是这种方法。

第二种方法推移较复杂，但能保持侧缝的造型不变。对于侧缝造型外斜的裙装，为了保持其裙装的造型，应采用此方法。A字裙的腰与臀围不等差系列采用的就是此种方法。

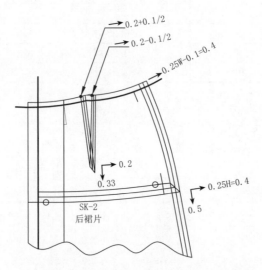

图3-18 A字裙腰与臀围不等差系列的腰省推板图

第二节 变化款裙装样板制作

变化款裙装是在基本款裙装的基础上发展而来的。在基本造型确定后，在裙装的内部结构线中融入分割线、省褶等构成变化款裙装。下面以变化款裙装中的低腰插角裙及分割褶裙为例，对裙装变化款作一具体的介绍。

一、低腰插角裙样板制作

（一）低腰插角裙款式细节

如图3-19所示。

裙腰：低腰型弯腰。

　　裙片：前裙片上部设一尖角形分割线，左右两侧及前中各设一纵向分割线；后裙片上部设横向分割线，左右两侧及后中各设一纵向弧形分割线；分割线在裙下摆处插角；侧缝线向外倾斜；腰口、分割线均缉止口线；右侧缝上端装拉链。

图 3-19 低腰插角裙款式图

（二）低腰插角裙设定规格

如表 3-11 所示。

表 3-11 低腰插角裙规格（/cm）

号型	裙长	腰围	臀围	低腰量
160/72B	55	74	96	3

（三）低腰插角裙结构图

如图 3-20 所示。

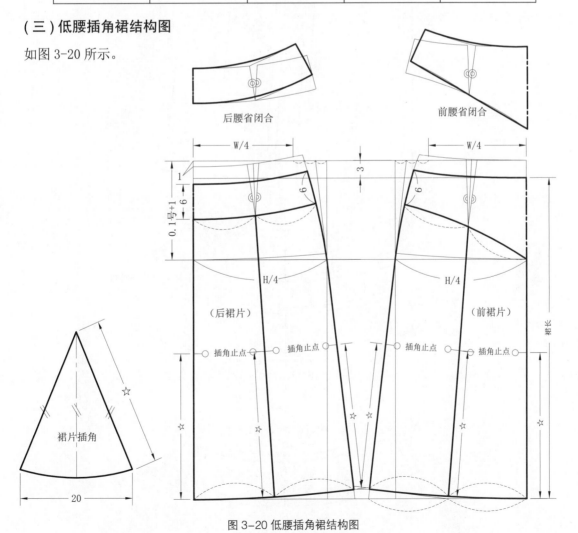

图 3-20 低腰插角裙结构图

（四）低腰插角裙样板制作

1.低腰插角裙面板制作（图3-21）

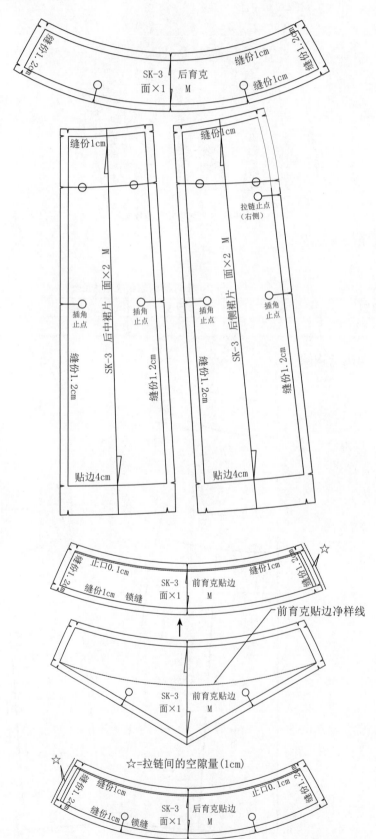

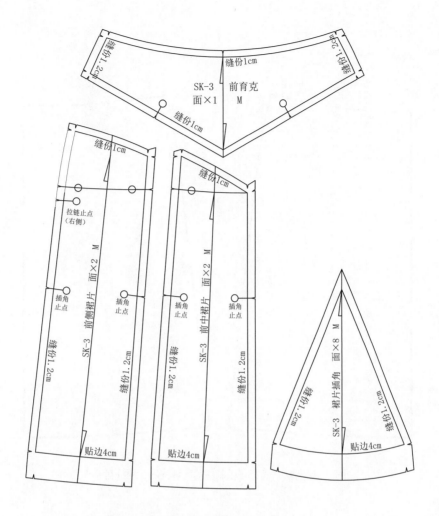

图 3-21 低腰插角裙面板制作

2. 低腰插角裙里板制作（图 3-22 ~ 图 3-24）

由于此款的基本款为 A 字裙，根据里布配置简化的要求，可按 A 字裙的里布配置方法。具体操作方法如下：

（1）在低腰插角裙的结构图上，选取里板的区域范围（图 3-22）。

（2）在里板的区域范围内周边放量处理（图 3-23）。

（3）按里板的要求，制作完成里板（图 3-24）。

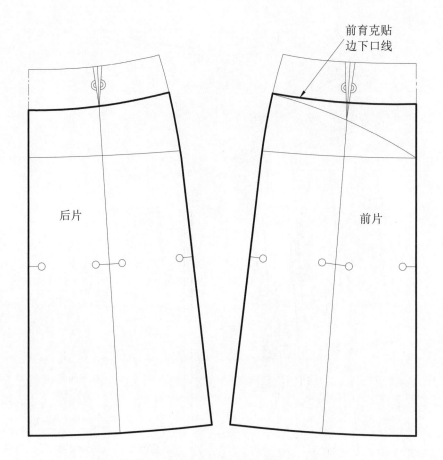

图 3-22 低腰插角裙里板制作的区域范围（粗线显示）

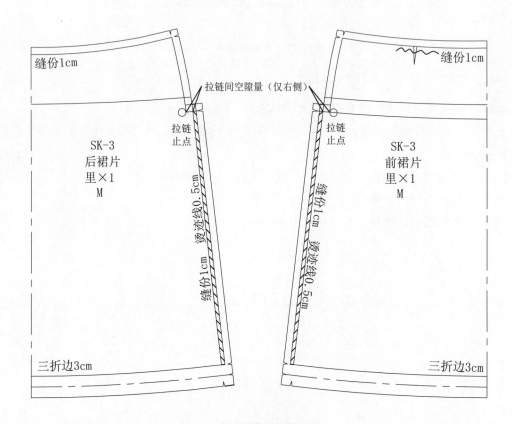

图 3-23 低腰插角裙里板配置

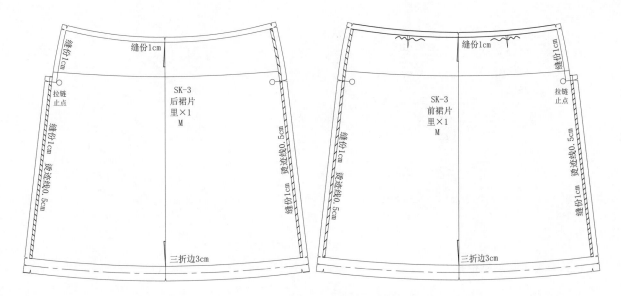

图 3-24 低腰插角裙里板

3. 低腰插角裙衬板制作（图 3-25）

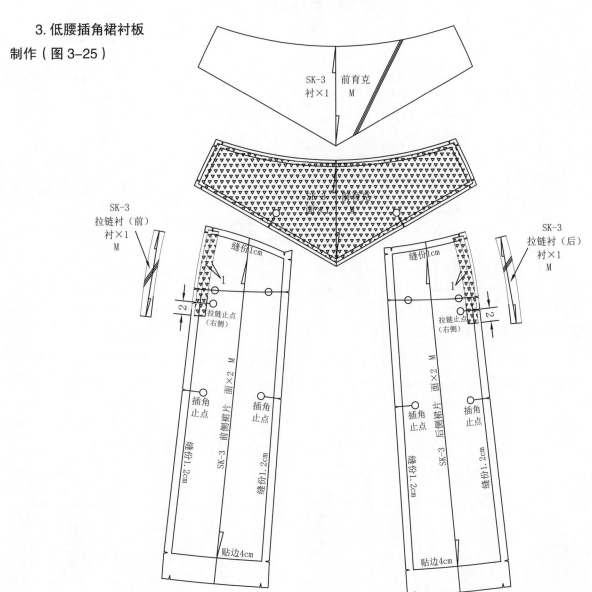

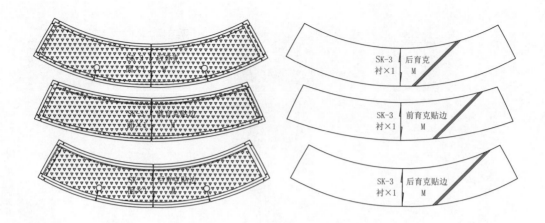

图 3-25 低腰插角裙衬板

（五）低腰插角裙推板

1. 低腰插角裙推板规格（表 3-12）

表 3-12 低腰插角裙推板规格（/cm）

部位	155/70B	160/72B	165/74B	规格档差
	S	M	L	
裙长	53	55	57	2
腰围	72	74	76	2
臀围	94	96	98	2
臀高	16.5	17	17.5	0.5
低腰量	4	4	4	0

2. 低腰插角裙规格档差与推板数值处理（表 3-13）

表 3-13 低腰插角裙规格档差与推板数值（/cm）

部位	规格档差	比例分配系数 × 规格档差 + 调整值	推档数值
裙长	2	—	2
腰围	2	0.25 腰围档差	0.5
臀围	2	0.25 臀围档差	0.5
低腰量	0	—	0

3. 低腰插角裙公共线设定

前片：前中线—臀高线。后片：后中线—臀高线。裙腰与零部件：某一端为公共线。

4. 低腰插角裙推板图（图 3-26）

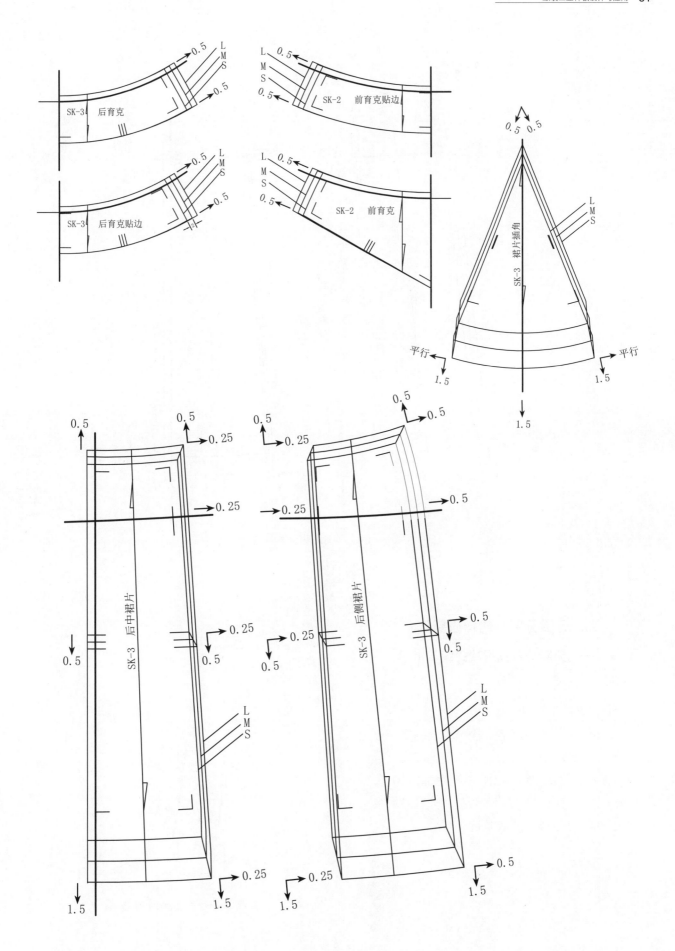

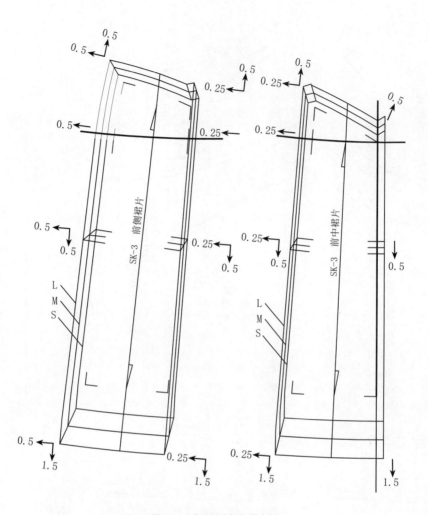

图 3-26 低腰插角裙推板图

二、无腰分割裥裙样板制作

（一）无腰分割裥裙款式细节（图 3-27）

裙腰：无腰型弯腰。

裙片：前片左侧设一个弧形分割线，分割线下部设一个裙裥；前片右侧上部设一个腰省和前贴袋；后片上部左右两侧各设两个腰省；侧缝线向外倾斜；腰口、分割线均缉止口线；左侧缝上端装拉链。

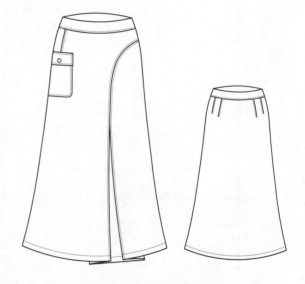

图 3-27 无腰分割裥裙款式图

（二）无腰分割裥裙设定规格

如表 3-14 所示。

表 3-14 无腰分割裥裙规格（/cm）

号型	裙长	腰围	臀围	腰头宽
160/72B	78	74	96	0

（三）无腰分割裥裙结构图

如图 3-28 所示。

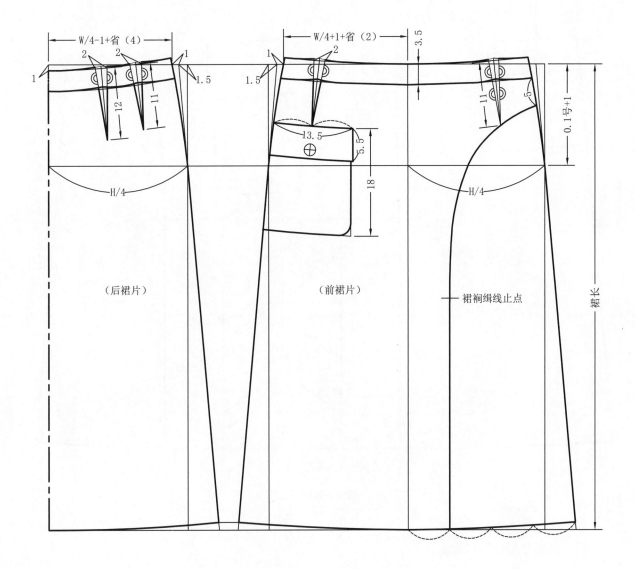

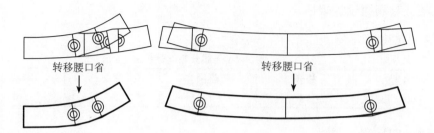

前后腰育克腰省闭合示意图

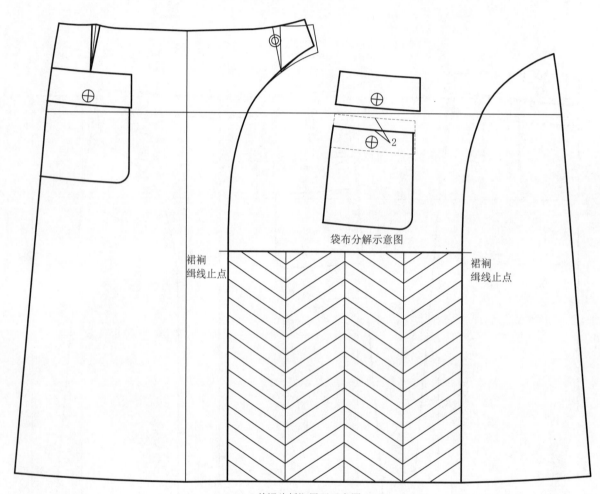

前裙片折裥展开示意图

图 3-28 无腰分割裥裙结构图

（四）无腰分割裥裙样板制作

1. 无腰分割裥裙面板制作（图 3-29）

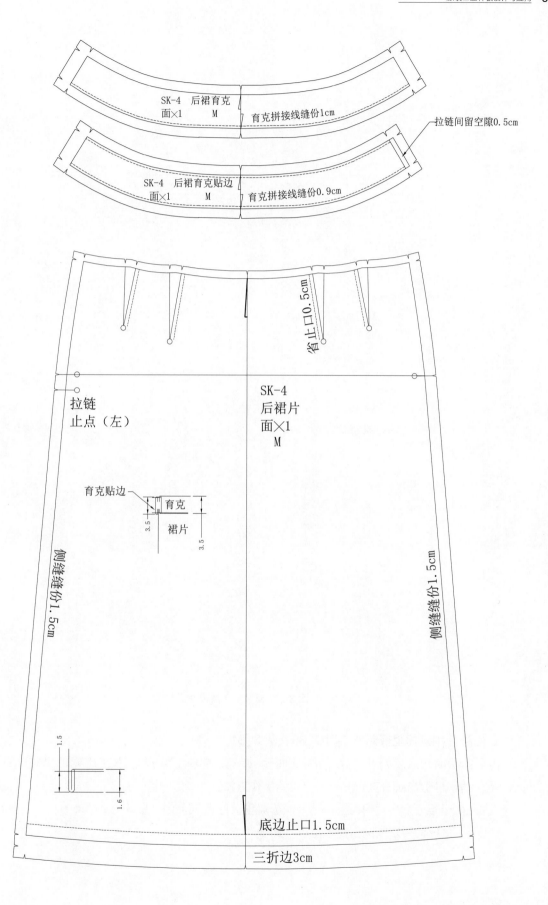

SK-4　后裙育克
面×1　　M

育克拼接线缝份1cm

拉链间留空隙0.5cm

SK-4　后裙育克贴边
面×1　　M

育克拼接线缝份0.9cm

省止口0.5cm

拉链
止点（左）

SK-4
后裙片
面×1
M

育克贴边

育克

裙片

3.5

3.5

侧缝缝份1.5cm

侧缝缝份1.5cm

1.5

1.6

底边止口1.5cm

三折边3cm

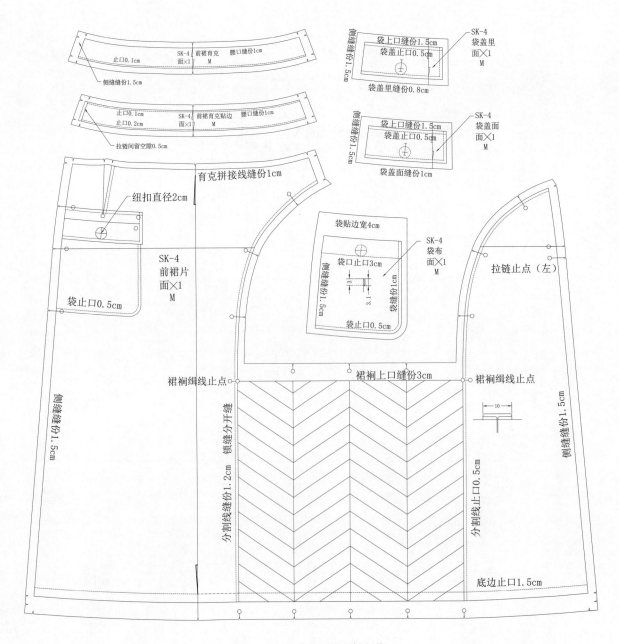

图 3-29 无腰分割裥裙面板制作

2. 无腰分割裥裙里板制作（图 3-30、图 3-31）

由于此款的基本款为 A 字裙，所以根据里布配置简化的要求，可按 A 字裙的里布配置方法。又因此款是长裙，可适当减短里布的长度。具体操作方法：

（1）在无腰分割裥裙的面板基础上，选取里板的区域范围（图 3-30）。

（2）按里板的要求，制作完成里板（图 3-31）。

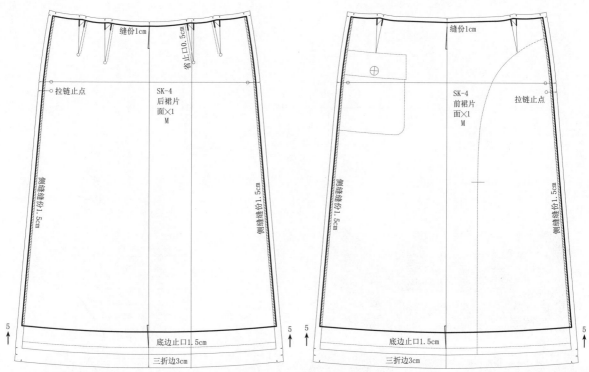

注：图中粗实线为里布净样线；拉链部位处理方法参见SK-3里布制作

图 3-30 无腰分割裥裙里板的制作方法

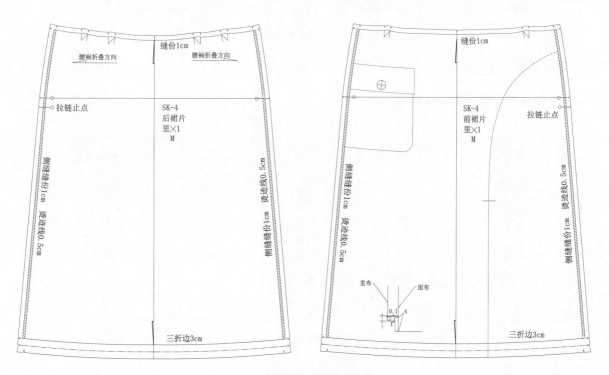

图 3-31 无腰分割裥裙里板

3. 无腰分割裥裙衬板制作（图 3-32）

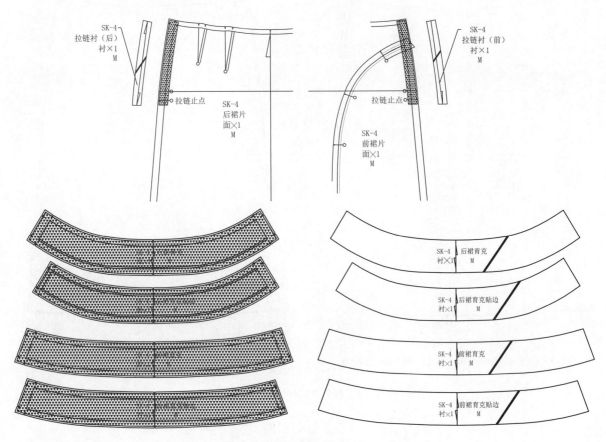

图 3-32 无腰型裥裙衬板配置与制作

（五）无腰分割裥裙推板

1. 无腰分割裥裙推板规格（表 3-15）

表 3-15 无腰分割裥裙推板规格（/cm）

部位	155/70B	160/72B	165/74B	规格档差
	S	M	L	
裙长	76	78	80	2.5
腰围	72	74	76	2
臀围	94	96	98	2
臀高	16.5	17	17.5	0.5

2. 无腰分割裥裙规格档差与推板数值处理（表 3-16）

表 3-16 无腰分割裥裙规格档差与推板数值（/cm）

部位	规格档差	比例分配系数 × 规格档差 + 调整值	推档数值
裙长	2.5	—	2.5
腰围	2	0.25 腰围档差	0.5
臀围	2	0.25 臀围档差	0.5

3. 无腰分割裥裙公共线设定

前片：前中线—臀高线。后片：后中线—臀高线。裙腰与零部件：某一端为公共线。

4. 无腰分割裥裙推板图（图3-33）

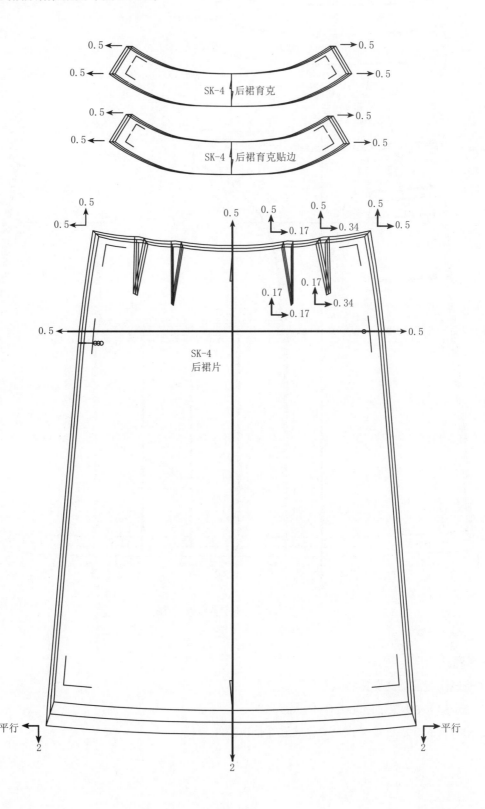

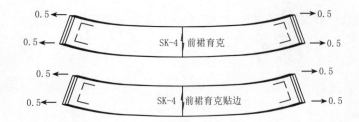

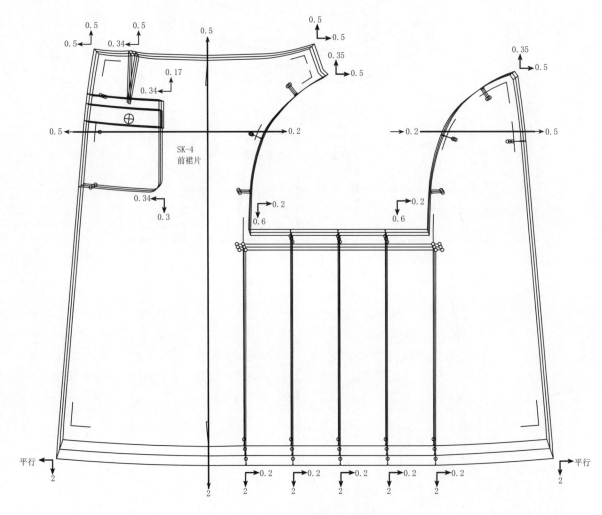

图 3-33 无腰分割裥裙推板图

思考题:

1. 简述裙装的款式变化特点?

2. 一步裙与 A 字裙的推板各有什么特点?

3. 按教材的要求自行寻找一变化款进行推板操作。

第四章　裤装样板制作

　　裤装的款式千变万化，其样板制作与裤装的款式有密切的关系。总体来说，裤装可分为基本款与变化款。基本款裤装包括适体裤、合体裤、宽体裤等。变化款裤装则是在基本款基础上进行各种款式变化的裤装。限于篇幅，本教材将以基本款中适体裤及变化款裤装为例，对裤装的样板制作方法进行展开。

第一节　基本款裤装样板制作

　　下面以适体裤为例，来对裤装基本款作具体的讲解。

一、适体裤款式细节

　　见图4-1。

　　裤腰：装腰型直腰；腰上设裤带襻7根。

　　裤片：前裤片腰口左右各设置2个折裥；前袋袋型为侧缝直袋；前中门里襟装拉链；后裤片腰口左右各收省2个；后袋袋型为单嵌线袋；裤身呈直筒形；侧缝线向里倾斜。

图4-1 适体裤的款式图

二、适体裤设定规格

　　见表4-1。

表 4-1 适体裤规格表（/cm）

号型	裤长	腰围	臀围	中档	脚口	腰头宽
170/74A	100	77	103	24	23	4

三、适体裤结构图

见图 4-2。

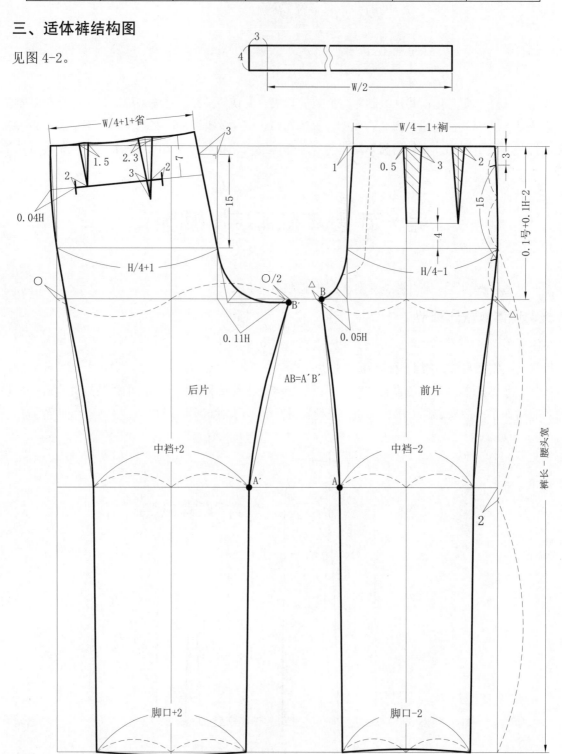

图 4-2 适体裤的结构图

四、适体裤样板制作

1. 适体裤面板及零部件制作（图 4-3、图 4-4）

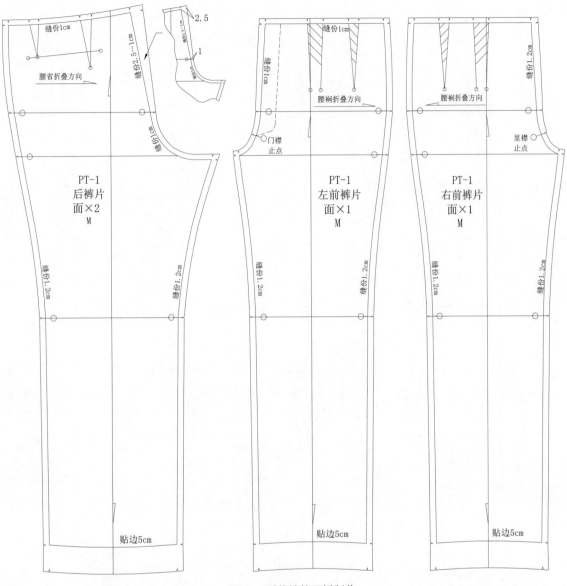

图 4-3 适体裤的面板制作

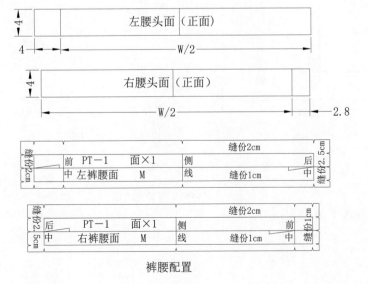

裤腰配置

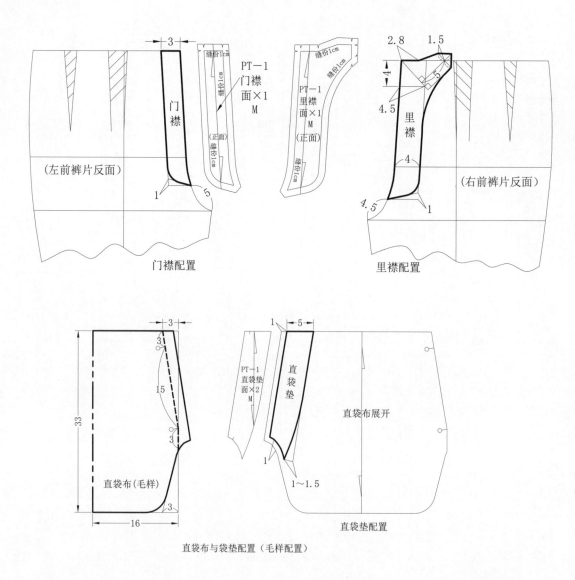

门襟配置   里襟配置

直袋布与袋垫配置（毛样配置）

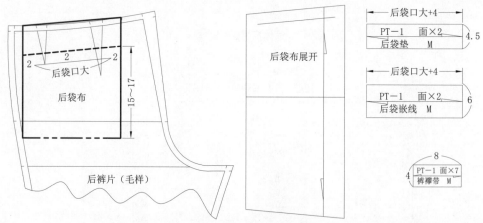

后袋布、嵌线、袋垫配置（毛样配置）

图 4-4 适体裤的零部件制作

2. 适体裤衬板制作（图 4-5）

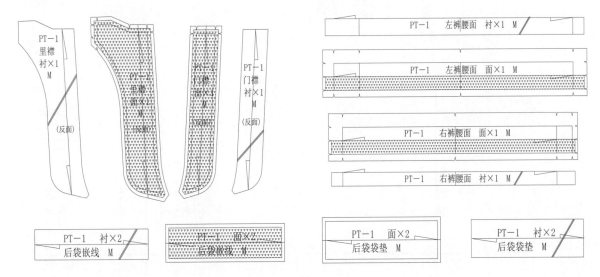

图 4-5 适体裤的衬板

五、适体裤推板

1. 适体裤的腰、臀围等差系列推板

（1）适体裤的腰、臀围等差系列推板规格（表 4-2）。

表 4-2 适体裤的腰、臀围等差系列推板规格（/cm）

部位	165/72A	170/74A	175/76A	规格档差
	S	M	L	
裤长	97	100	103	3
直档	28	28.5	29	0.5
腰围	75	77	79	2
臀围	101	103	105	2
中档	23.5	24	24.5	0.5
脚口	22.5	23	23.5	0.5
腰头宽	4	4	4	0

（2）适体裤的腰、臀围等差系列规格档差与推板数值处理（表 4-3）。

表 4-3 系列规格档差与推板数值（/cm）

部位	规格档差	比例分配系数 × 规格档差 + 调整值	推档数值
裤长	3	—	3
直档	0.5	—	0.5
腰围	2	0.25 腰围档差	0.5
臀围	2	0.25 臀围档差	0.5
中档	0.5	—	0.5
脚口	0.5	—	0.5
腰头宽	0	—	0
前窿门宽	2	0.04 臀围档差	0.08
后窿门宽	2	0.11 臀围档差	0.22
前横档宽	2	0.25 臀围档差 +0.04 臀围档差	0.58
后横档宽	2	0.25 臀围档差 +0.11 臀围档差	0.72

（3）适体裤的腰、臀围等差系列公共线设定。

前片：烫迹线—直裆线。后片：烫迹线—直裆线。裤腰与零部件：某一端为公共线。

（4）适体裤的腰、臀围等差系列推板图（图4-6）。

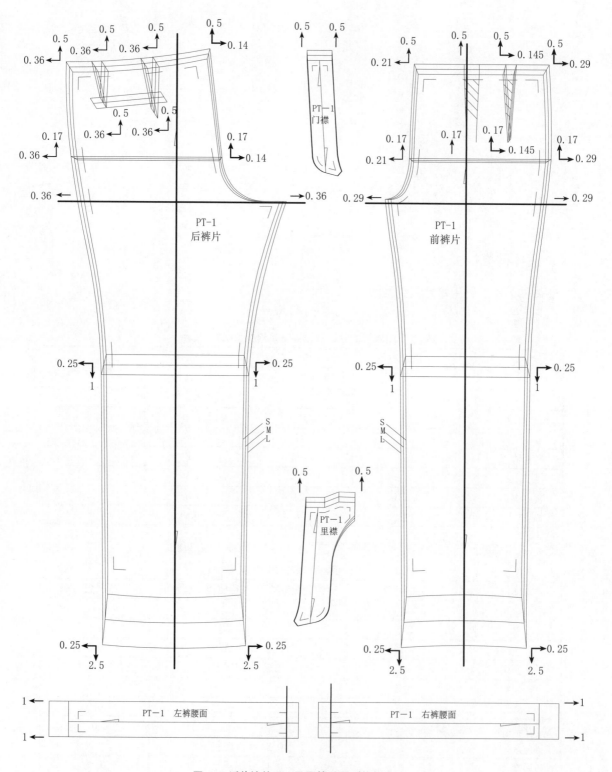

图4-6 适体裤的腰、臀围等差系列推板方法

2.适体裤腰与臀围不等差系列推板

（1）适体裤腰与臀围不等差系列推板规格（表4-4）。

表 4-4 适体裤腰与臀围不等差系列推板规格（/cm）

部位	165/70A	170/74A	175/78A	规格档差
	S	M	L	
裤长	97	100	103	3
直裆	28	28.5	29	0.5
腰围	75	77	79	2
臀围	101.2	103	104.8	1.8
中裆	23.5	24	24.5	0.5
脚口	22.5	23	23.5	0.5
腰头宽	4	4	4	0

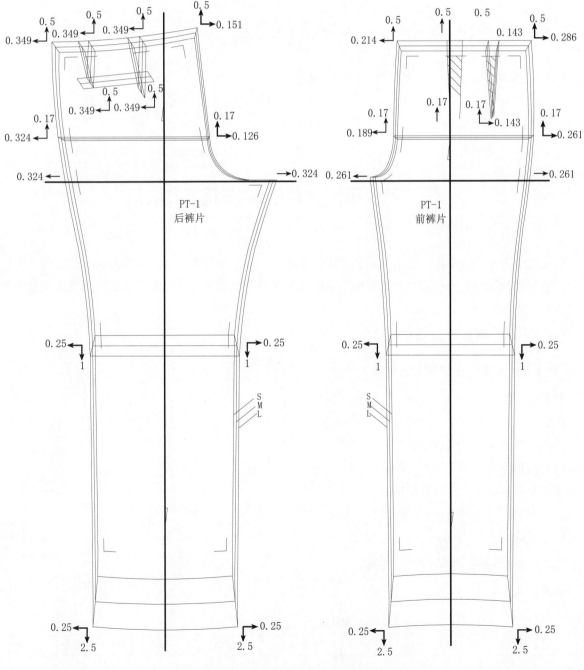

图 4-7 适体裤腰与臀围不等差系列推板方法

（2）适体裤腰与臀围不等差系列规格档差与推板数值处理（表4-5）。

表4-5 适体裤腰与臀围不等差系列规格档差与推板数值（/cm）

部位	规格档差	比例分配系数 × 规格档差 + 调整值	推档数值
裤长	3	—	3
直裆	0.5	—	0.5
腰围	2	0.25 腰围档差	0.5
臀围	1.8	0.25 臀围档差	0.45
中裆	0.5	—	0.5
脚口	0.5	—	0.5
腰头宽	0	—	0
前窿门宽	1.8	0.04 臀围档差	0.072
后窿门宽	1.8	0.11 臀围档差	0.198
前横裆宽	1.8	0.25 臀围档差 +0.04 臀围档差	0.522
后横裆宽	1.8	0.25 臀围档差 +0.11 臀围档差	0.648

（3）适体裤腰与臀围不等差系列公共线设定。

前片：前中线—上平线。后片：后中线—上平线。裙腰与零部件：某一端为公共线。

（4）适体裤腰与臀围不等差系列推板图（图4-7）。

第二节 变化款裤装样板制作

变化款裤装是在基本款裤装的基础上发展而来的。在基本造型确定后，在裤装的内部结构线中融入分割线、省褶及袋型等构成变化款裤装。下面以无腰分割型合体裤及低腰合体中裤为例，来对裤装变化款作具体的讲解。

一、无腰分割型合体裤样板制作

（一）无腰分割型合体裤款式细节

如图4-8所示。

裤腰：低腰型弯腰，造型如图。

裤片：前裤片左右两侧设弧形分割线；前中门里襟装拉链；后裤片设下弧形横分割，分割线下左右各设1个装袋盖后袋；裤脚口偏大，裤身中裆以下呈喇叭形；侧缝线中裆以上向里倾斜。

（二）无腰分割型合体裤设定规格

如表4-6所示。

图4-8 无腰分割型合体裤款式图

表4-6 无腰分割型合体裤规格表（/cm）

号型	裤长	腰围	臀围	中裆	脚口	低腰量
160/68A	98	70	92	21	28	2

（三）无腰分割型合体裤结构图

如图 4-9 所示。

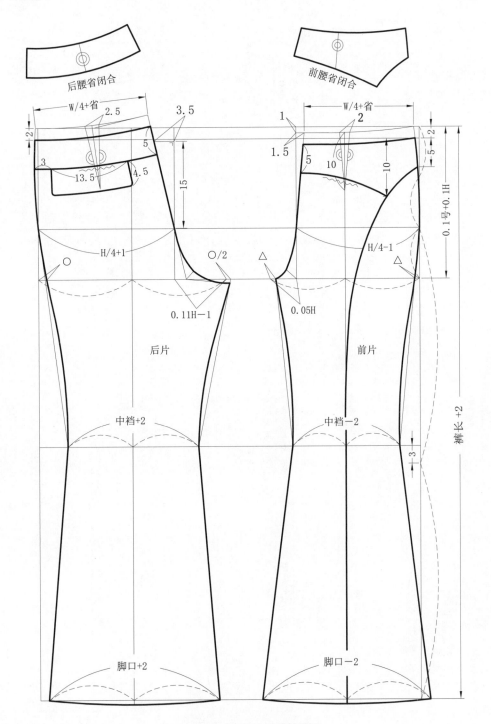

图 4-9 无腰分割型合体裤结构图

（四）无腰分割型合体裤样板制作

1. 无腰分割型合体裤面板制作（图 4-10）

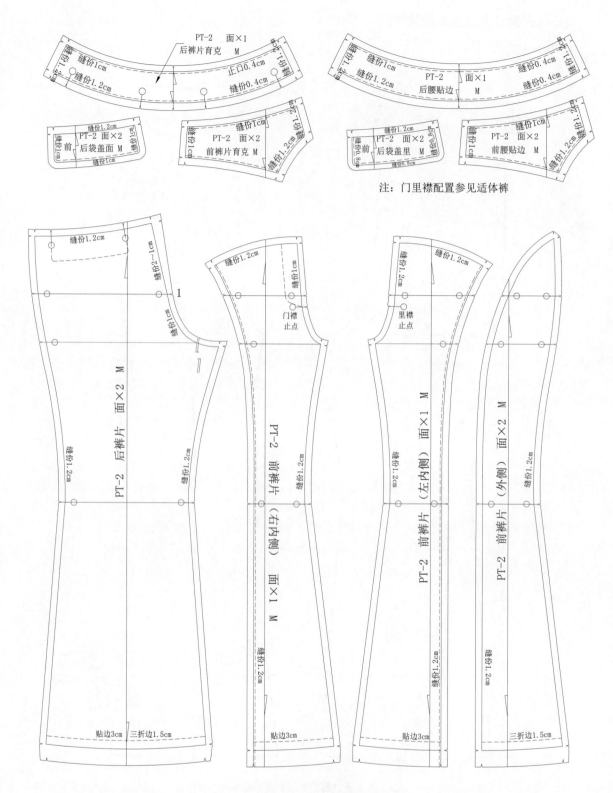

图 4-10 无腰分割型合体裤面板制作

2. 无腰分割型合体裤衬板制作（图 4-11）

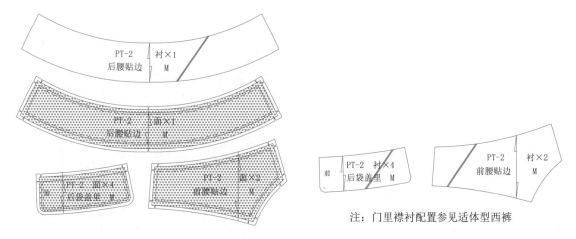

注：门里襟衬配置参见适体型西裤

图 4-11 无腰分割型合体裤衬板

(五)无腰分割型合体裤推板

1. 无腰分割型合体裤推板规格(表 4-7)

表 4-7 无腰分割型合体裤推板规格(/cm)

部位	155/66A	160/68A	165/70A	规格档差
	S	M	L	
裤长	95	98	101	3
直裆	25.5	26	26,5	0.5
腰围	68	70	72	2
臀围	90	92	94	2
中裆	20.5	21	21.5	0.5
脚口	27.5	28	28.5	0.5

2. 无腰分割型合体裤规格档差与推板数值处理(表 4-8)

表 4-8 无腰分割型合体裤规格档差与推板数值(/cm)

部位	规格档差	比例分配系数 × 规格档差 + 调整值	推档数值
裤长	3	—	3
直裆	0.5	—	0.5
腰围	2	0.25 腰围档差	0.5
臀围	2	0.25 臀围档差	0.5
中裆	0.5	—	0.5
脚口	0.5	—	0.5
腰头宽	0	—	0
前窿门宽	2	0.04 臀围档差	0.08
后窿门宽	2	0.11 臀围档差	0.22
前横裆宽	2	0.25 臀围档差 +0.04 臀围档差	0.58
后横裆宽	2	0.25 臀围档差 +0.11 臀围档差	0.72

3. 无腰分割型合体裤公共线设定

前片：前挺缝线—臀高线。后片：后挺缝线—臀高线。裤腰与零部件：某一端为公共线。

4. 无腰分割型合体裤推板图(图 4-12)

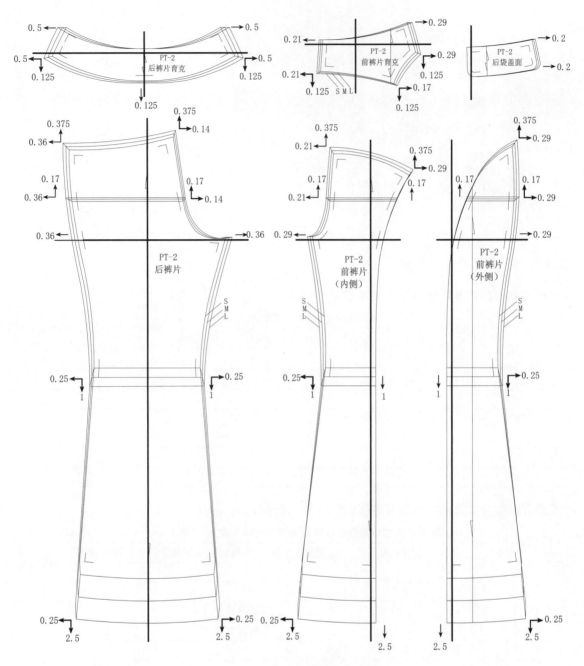

图 4-12 无腰分割型合体裤推板图

二、低腰合体中裤样板制作

(一) 低腰合体中裤款式细节

见图 4-13。

裤腰：弯腰型低腰。

裤片：前裤片左右两侧各设 1 个弧形横袋；前中门里襟装拉链；后裤片腰部左右各设 1 个省；裤脚口偏大，侧缝侧开衩，开衩位至脚口用镶边处理；裤身中裆以下呈喇叭形；侧缝线中裆以上向里倾斜。

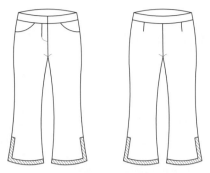

图 4-13 低腰合体中裤款式图

（二）低腰合体中裤设定规格（表 4-9）

表 4-9 低腰合体中裤规格表（/cm）

号型	裤长	腰围	臀围	中档	脚口	低腰量
160/68A	77	70	92	22	25	4

（三）低腰合体中裤结构图（图 4-14）

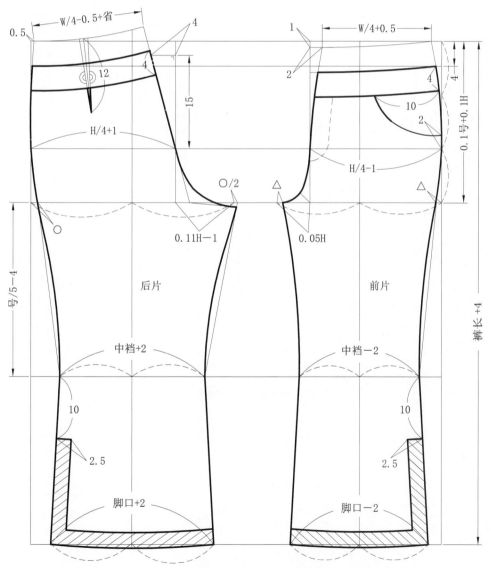

图 4-14 低腰合体中裤结构图

（四）低腰合体中裤样板制作

1. 低腰合体中裤面板及零部件制作（图 4-15、图 4-16）

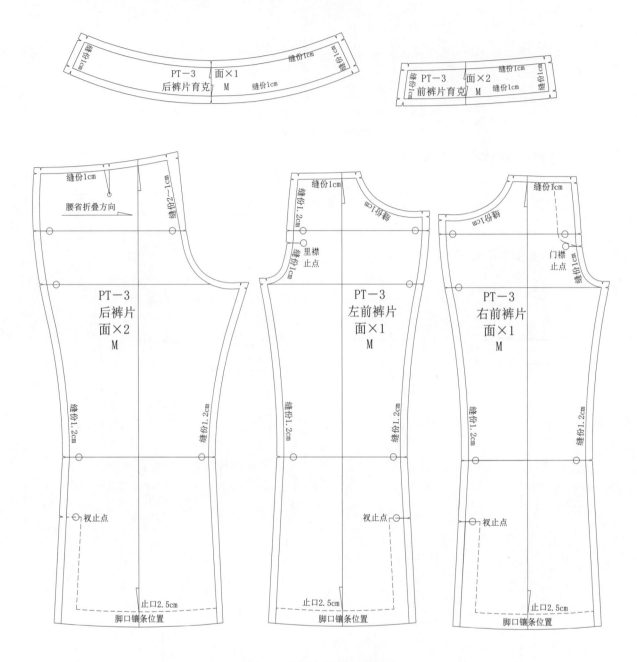

图 4-15 低腰合体中裤面板制作

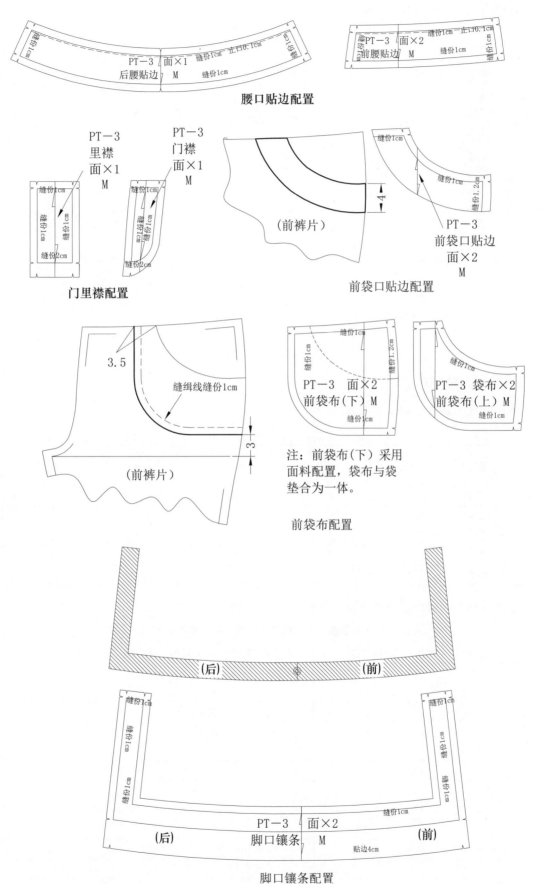

图 4-16 低腰合体中裤零部件制作

2.低腰合体中裤衬板制作（图4-17）

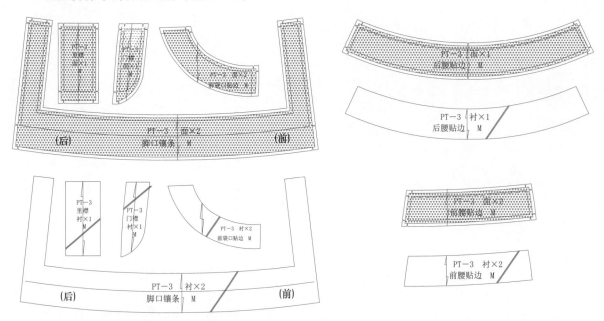

图4-17 低腰合体中裤衬板制作

（五）低腰合体中裤推板

1.低腰合体中裤推板规格（表4-10）

表4-10 低腰合体中裤推板规格（/cm）

部位	155/66A	160/68A	165/70A	规格档差
	S	M	L	
裤长	75	77	79	2
腰围	68	70	72	2
臀围	90	92	94	2
臀高	16.5	17	17.5	0.5
低腰量	4	4	4	0

2.低腰合体中裤规格档差与推板数值处理（表4-11）

表4-11 低腰合体中裤规格档差与推板数值（/cm）

部位	规格档差	比例分配系数 × 规格档差 + 调整值	推档数值
裤长	2	—	2
直裆	0.4	—	0.4
腰围	2	0.25 腰围档差	0.5
臀围	2	0.25 臀围档差	0.5
中裆	0.5	—	0.5
脚口	0.5	—	0.5
腰宽	0	—	0
前窿门宽	2	0.04 臀围档差	0.08
后窿门宽	2	0.11 臀围档差	0.22
前横裆宽	2	0.25 臀围档差 +0.04 臀围档差	0.58
后横裆宽	2	0.25 臀围档差 +0.11 臀围档差	0.72

3. 低腰合体中裤公共线设定

前片：前挺缝线—臀高线。后片：后挺缝线—臀高线。裤腰与零部件：某一端为公共线。

4. 低腰合体中裤推板图（图 4-18）

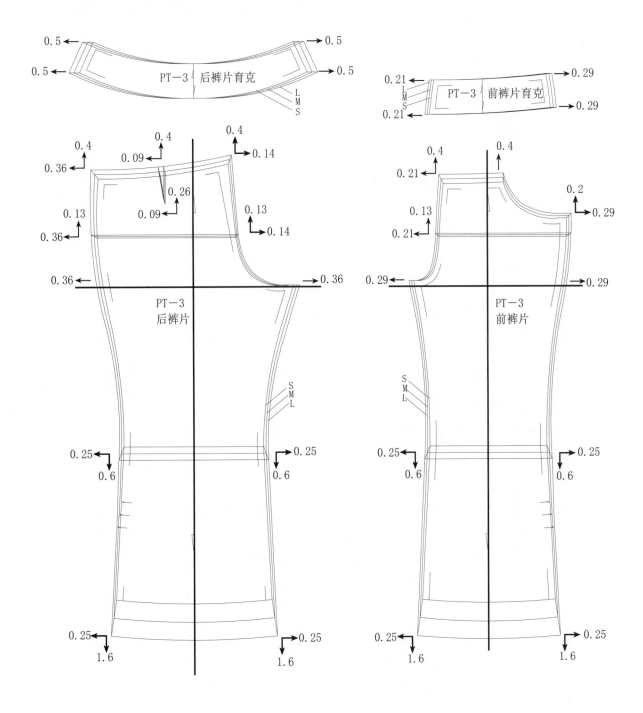

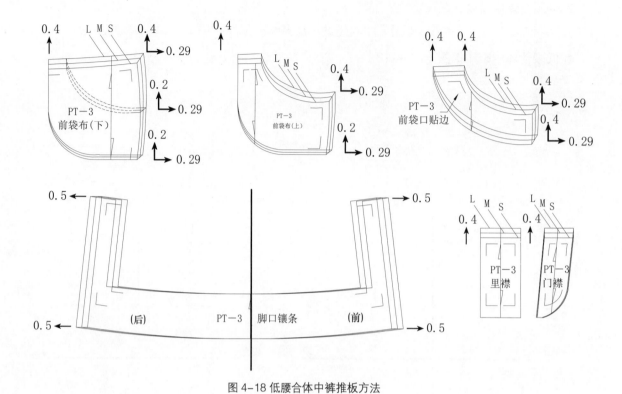

图4-18 低腰合体中裤推板方法

思考题：

1. 简述裤装的款式变化特点？

2. 腰、臀围等差系列与腰、臀围不等差系列的推板各有什么特点？

3. 按教材的要求自行寻找一变化款进行推板操作。

第五章　女上装样板制作

　　女上装的款式千变万化，其样板制作与女上装的款式有密切的关系。总体来说，女上装可分为基本款与变化款。基本款为具备女上装基本要素的款式。变化款则是在基本款女上装基础上进行各种款式变化的女上装。限于篇幅，本教材将以基本款如西装领女衬衫及女装的变化款如翻驳领分割型女上装等为例，对女上装的样板制作的方法进行展开讲解。

第一节　基本款女上装样板制作

　　下面以女装中的西装领衬衫为例，对女上装基本款作一具体的介绍。

一、西装领女衬衫款式细节

如图 5-1 所示。

（1）领型：开门式翻驳西装领，领驳线饰花边。

（2）袖型：一片式装袖型长袖，袖口装克夫，克夫上钉组 2 粒。

（3）衣身：前中开襟，钉组 3 粒，双叠门；前衣身左右两侧设领胸省与胸腰省；后衣身左右两侧设腰省；侧缝腰节处收腰。

图 5-1 西装领女衬衫款式图

二、西装领女衬衫设定规格

见表 5-1。

表 5-1 西装领女衬衫规格表（/cm）

号型	衣长	肩宽	胸围	领围	腰围	袖长
160/72B	64	40	94	36	80	58

三、西装领女衬衫结构图

如图 5-2 所示。

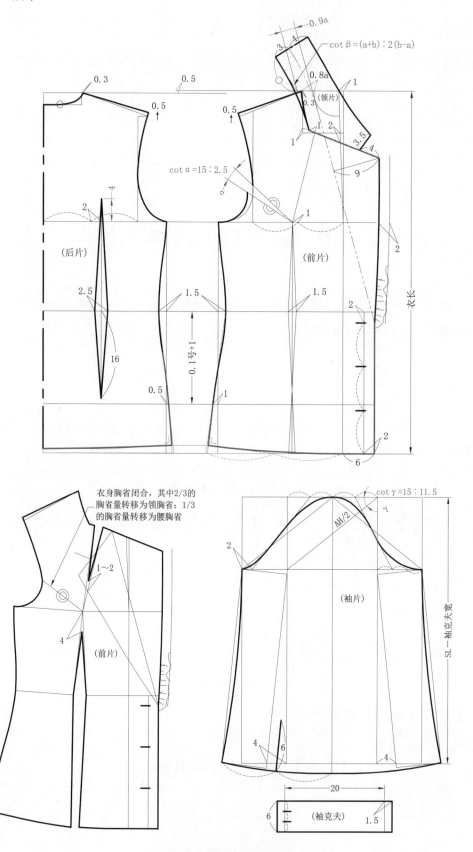

图 5-2 西装领女衬衫结构图

四、西装领女衬衫样板制作

1.西装领女衬衫面板制作（图5-3）

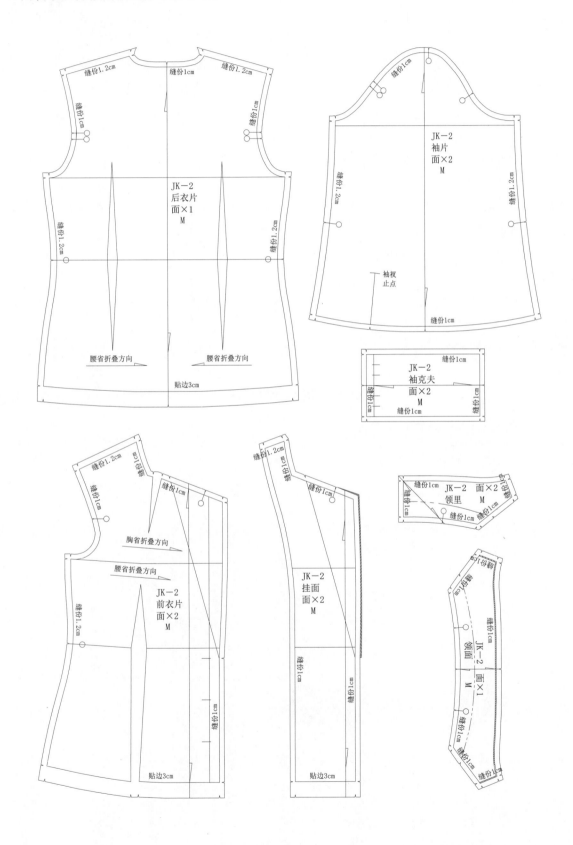

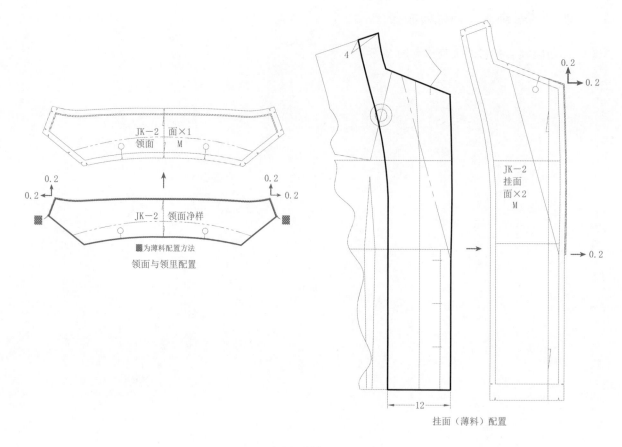

图 5-3 西装领女衬衫样板制作

2. 西装领女衬衫衬板制作（图 5-4）

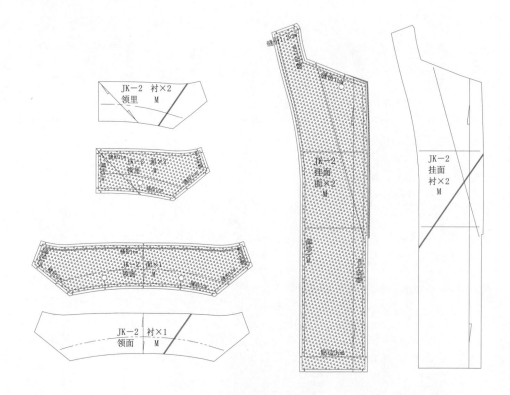

图 5-4 西装领女衬衫衬板

五、西装领女衬衫推板

（1）西装领女衬衫推板规格（表5-2）

表 5-2 西装领女衬衫推板规格（/cm）

部位	155/81A	160/84A	165/87A	规格档差
	S	M	L	
衣长	62	64	66	2
肩宽	39.2	40	40.8	0.8
前/后腰节长	39/38	40/39	41/40	1
领围	35.4	36	36.6	0.6
胸围	91	94	97	3
腰围	75	78	81	3
袖长	56.5	58	59.5	1.5

（2）西装领女衬衫规格档差与推板数值处理（表5-3）

表 5-3 西装领女衬衫规格档差与推板数值处理（/cm）

部位	规格档差	比例分配系数 × 规格档差 + 调整值	推档数值	部位	规格档差	比例分配系数 × 规格档差 + 调整值	推档数值
衣长	2	—	2	领口宽	0.6	0.2领围档差	0.12
肩宽	0.8	0.5肩宽档差	0.4	领口深	0.6	0.2领围档差	0.12
前/后腰节长	1	—	1	袖窿深	3	0.15胸围档差	0.45
领围	0.6	—	0.6	摆围	3	0.25胸围档差	0.75
胸围	3	0.25胸围档差	0.75	胸宽	0.8	0.5肩宽档差+0.1	0.5
腰围	3	0.25胸围档差	0.75	背宽	0.8	0.5肩宽档差+0.1	0.5
袖长	1.5	—	1.5	袖肥宽	3	0.15胸围档差	0.45
袖口围	3	0.2胸围档差	0.6	袖山高	3	0.15（胸围档差/2）	0.225

（3）西装领女衬衫的腰、臀围等差系列公共线设定。

前片：前中线——袖窿深线。后片：后中线——袖窿深线。袖片：袖中线——袖山高线。

零部件：某一端为公共线。

（4）西装领女衬衫推板图（图5-5）。

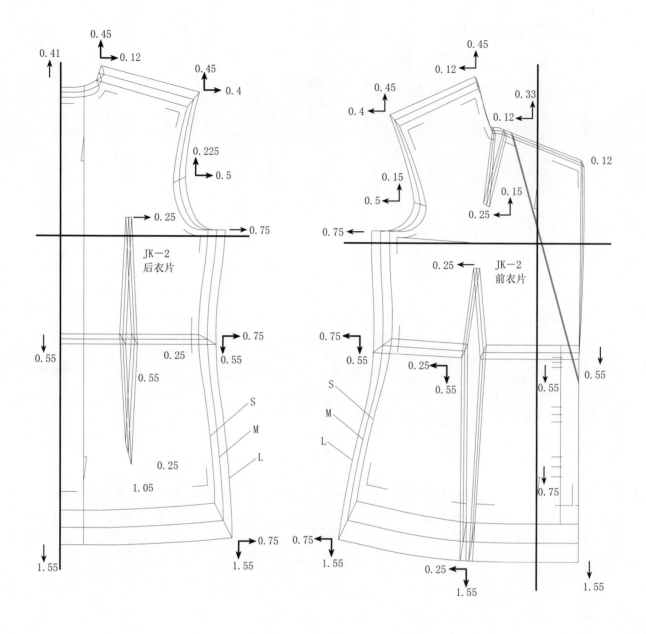

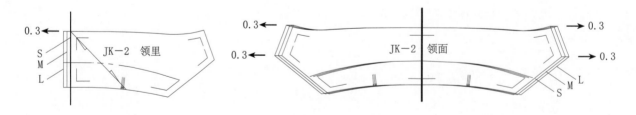

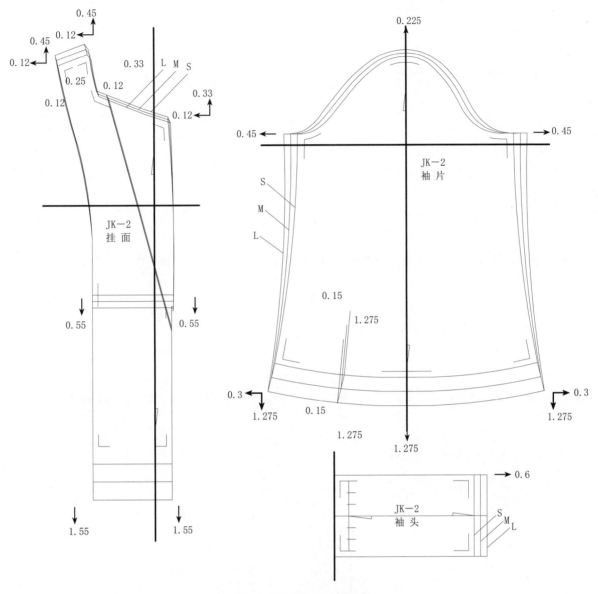

图 5-5 西装领女衬衫推板图

第二节　变化款女上装样板制作

变化款女上装是在基本款的基础上发展而来的。在基本造型确定后，在女装的内部结构线中融入分割线、省裥等构成变化款女上装。下面以变化款女上装中的翻驳领分割型女上装及翻驳领断腰型女上装为例，对女上装变化款作一具体的介绍。

一、翻驳领分割型女上装样板制作

（一）翻驳领分割型女上装款式细节

如图 5-6 所示。

领型：开门式翻驳领，便装领。

袖型：二片式装袖型长袖，袖口设袖衩，袖衩上钉纽 2 粒。

衣身：前中开襟，钉纽扣 3 粒；前、后衣身的左右两侧设弧形分割线；后中设背中缝；侧缝腰围处收腰；止口缉线。

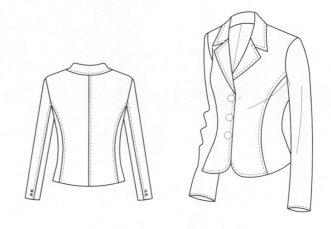

图 5-6 翻驳领分割型女上装款式图

（二）翻驳领分割型女上装设定规格

如表 5-4 所示。

表 5-4 翻驳领分割型女上装规格表（/cm）

号型	衣长	肩宽	胸围	领围	袖长	领脚 (a)	翻领 (b)
160/84A	58	39	94	36	58	3	4.5

（三）翻驳领分割型女上装结构图

如图 5-7、图 5-8 所示。

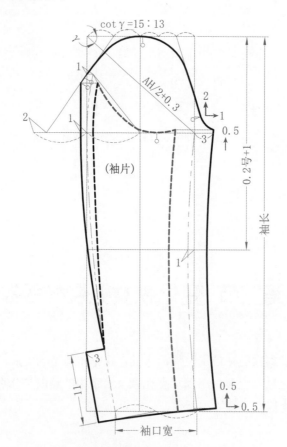

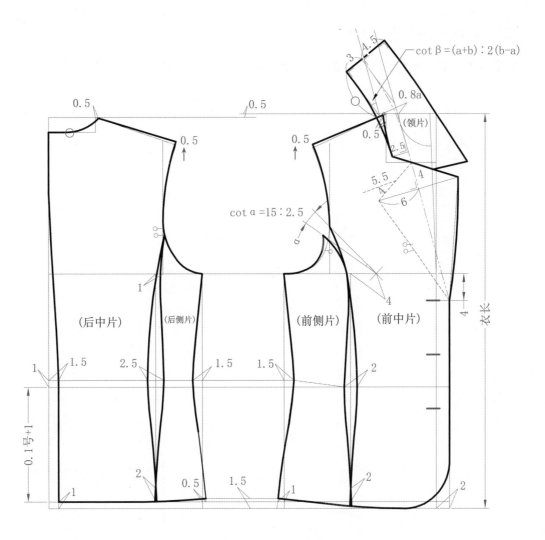

图 5-7 翻驳领分割型女上装结构图

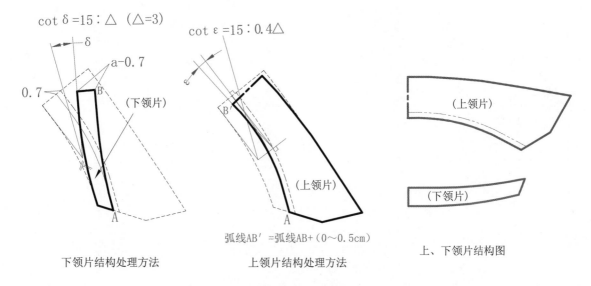

图 5-8 翻驳领分割型女上装领片结构处理方法

（四）翻驳领分割型女上装样板制作

1. 翻驳领分割型女上装面板及零部件制作（图 5-9~ 图 5-10）

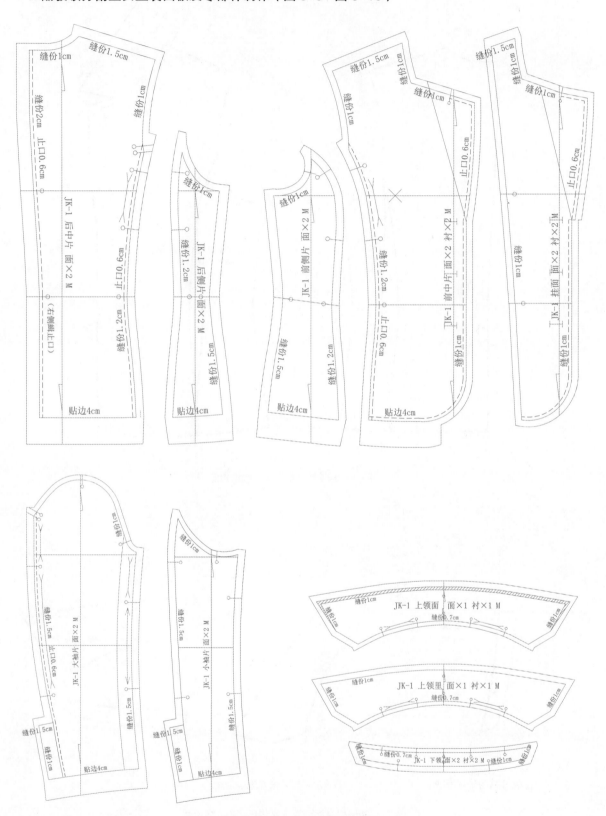

图 5-9 翻驳领分割型女上装面板制作

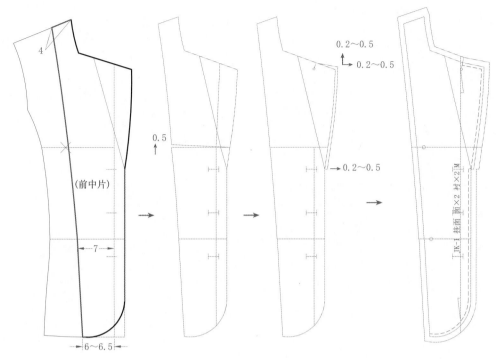

挂面（较厚或厚料）面板配置

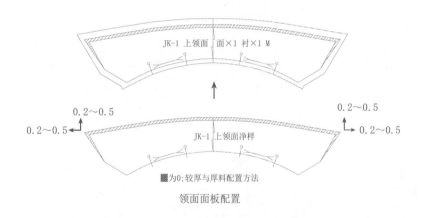

领面面板配置

图5-10 翻驳领分割型女上装零部件制作

2. 翻驳领分割型女上装里板制作（图5-11~图5-13）

由于此款的基本款为弧线分割，根据里布配置简化的要求，可将分割线转化为胸省和腰省的里布配置方法。具体操作方法：

（1）在翻驳领分割型女上装的样板基础上，选取与调整里板的区域范围（图5-11）。

（2）在里板的区域范围内进行周边放量处理（图5-12）。

（3）按里板的要求，制作完成里板（图5-13）。

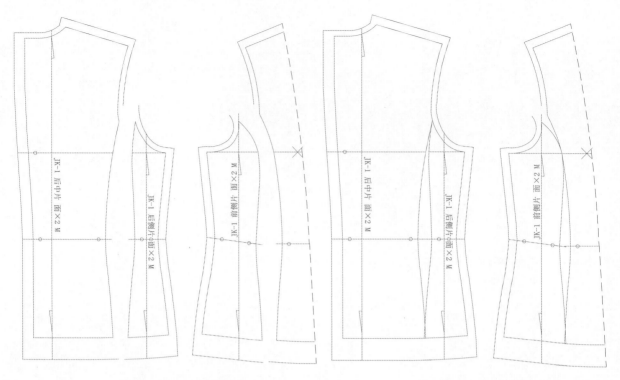

①前、后衣片分割线缝份处理   ②前、后衣片分割线移动合并处理

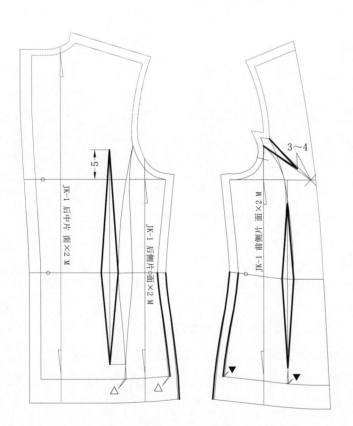

③前、后衣片胸省与腰省结构处理（粗实线显示）

图 5-11 翻驳领分割型女上装里板调整的区域范围

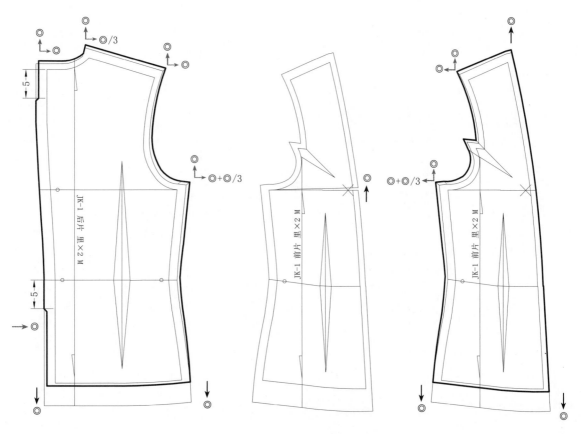

①前、后衣片里板松量处理

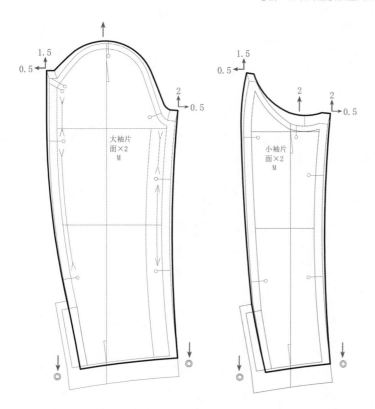

②袖片里板松量处理

图 5-12 翻驳领分割型女上装里板的制作方法

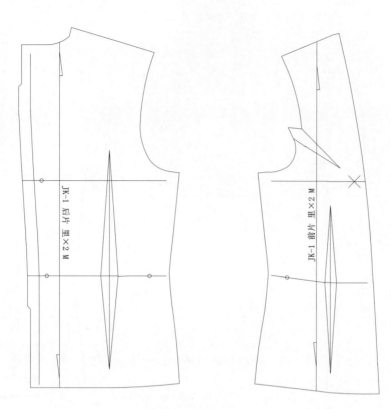

①前、后衣片里板外轮廓（毛样）处理

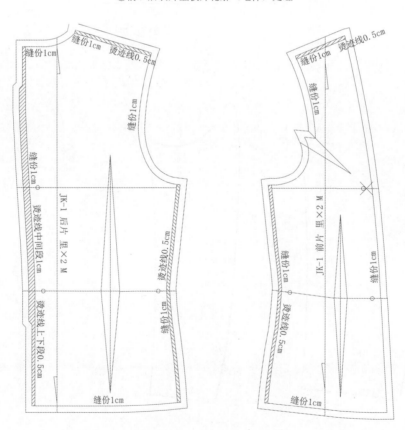

②前、后衣片里板周边放量处理

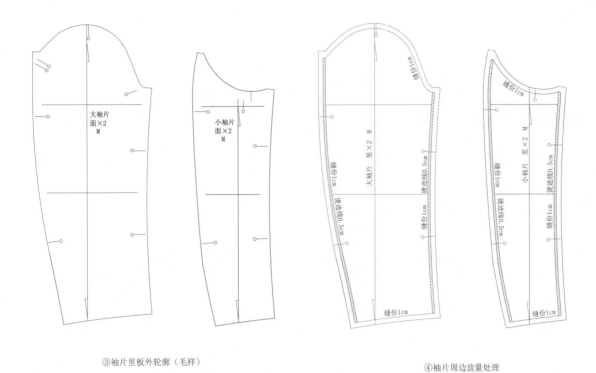

③袖片里板外轮廓（毛样）　　　　　　　　　④袖片周边放量处理

图 5-13 翻驳领分割型女上装里板

3. 翻驳领分割型女上装衬板制作（图 5-14）

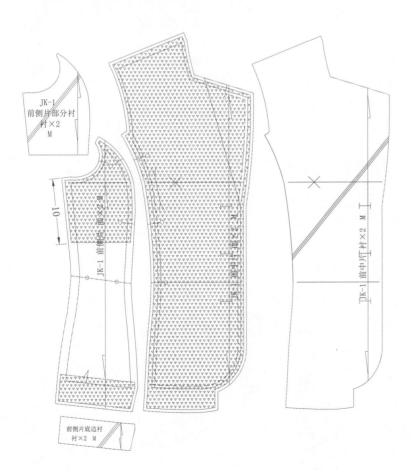

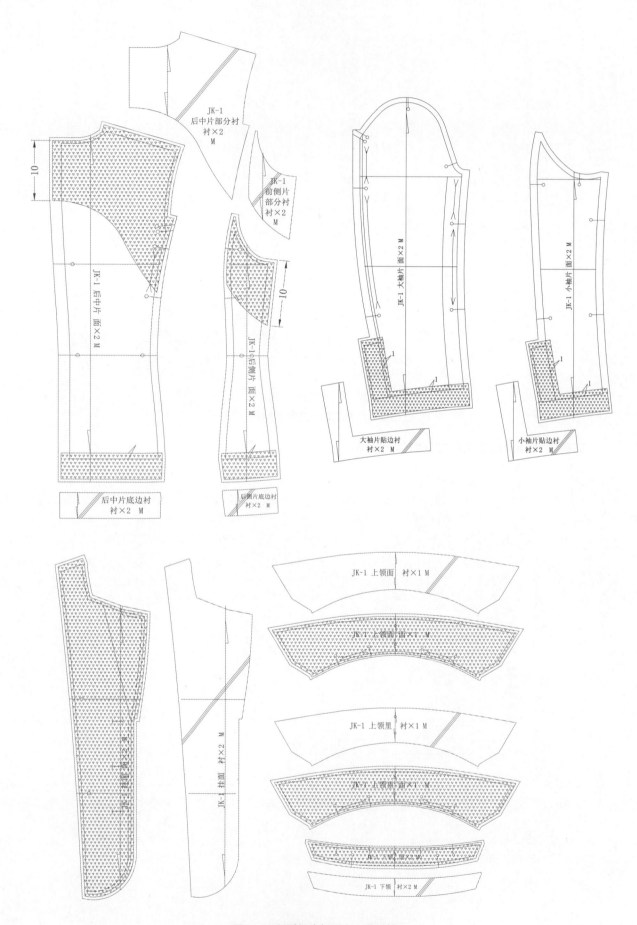

图 5-14 翻驳领分割型女上装衬板

（五）翻驳领分割型女上装推板

1. 翻驳领分割型女上装推板规格（表5-5）

表5-5 翻驳领分割型女上装推板规格（/cm）

部位	155/80A	160/84A	165/88A	规格档差
	S	M	L	
衣长	56	58	60	2
肩宽	38	39	40	1
前/后腰节长	39/38	40/39	41/40	1
领围	35	36	37	1
胸围	90	94	98	4
袖长	56.5	58	59.5	1.5

2. 翻驳领分割型女上装规格档差与推板数值处理（表5-6）

表5-6 规格档差与推板数值处理（/cm）

部位	规格档差	比例分配系数 × 规格档差 + 调整值	推档数值	部位	规格档差	比例分配系数 × 规格档差 + 调整值	推档数值
衣长	2	—	2	领口宽	1	0.2领围档差	0.2
肩宽	1	0.5肩宽档差	0.5	领口深	1	0.2领围档差	0.2
前/后腰节长	1	—	1	袖窿深	4	0.15胸围档差	0.6
领围	1	—	1	摆围	4	0.25胸围档差	1
胸围	4	0.25胸围档差	1	胸宽	1	0.5肩宽档差+0.1	0.6
腰围	4	0.25胸围档差	1	背宽	1	0.5肩宽档差+0.1	0.6
袖长	1.5	—	1.5	袖肥宽		如图5-15中衣袖推板部分所示，按袖斜线倾角为依据，测量得出数据推板。	
袖口宽	4	0.1胸围档差	0.4	袖山高			

3. 翻驳领分割型女上装公共线设定

前片：前分割线——袖窿深线。后片：后分割线——袖窿深线。袖片：袖侧线——袖山高线。
零部件：某一端为公共线。

4. 翻驳领分割型女上装推板图（图5-15）

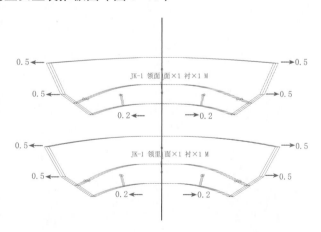

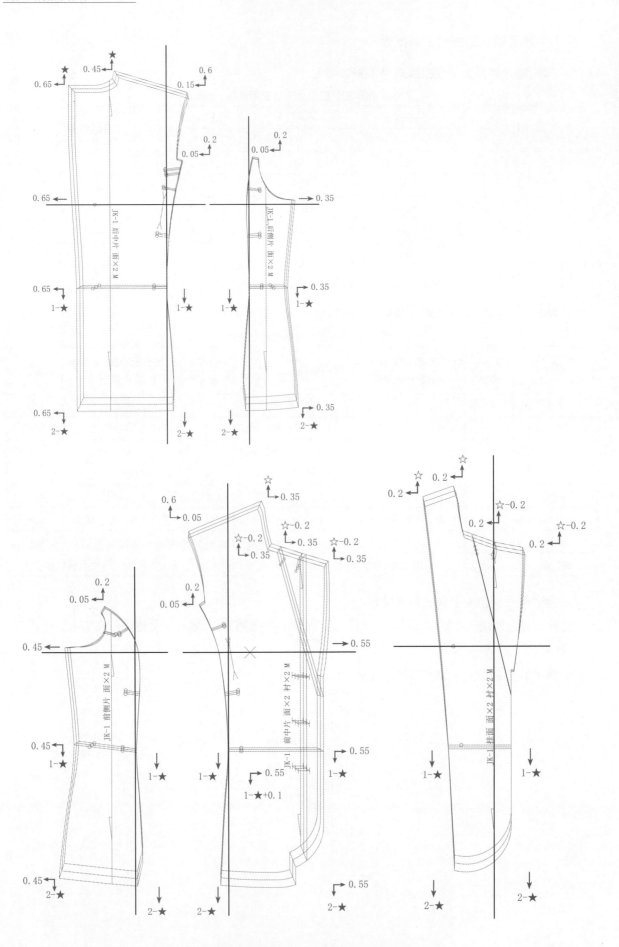

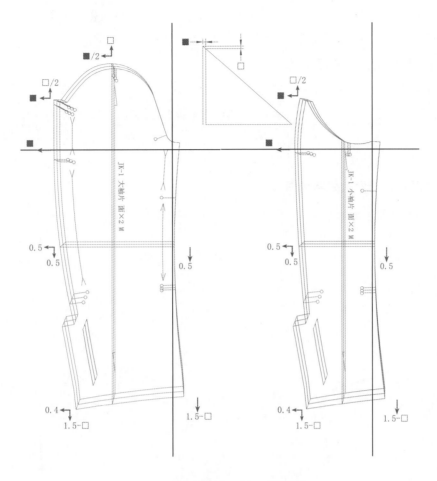

图 5-15 翻驳领分割型女上装推板图

二、翻驳领断腰型女上装样板制作

（一）翻驳领断腰型女上装款式细节

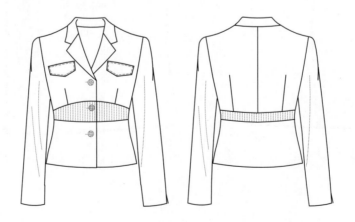

图 5-16 翻驳领断腰型女上装款式图

如图 5-16 所示。

领型：开门式翻驳西装领。

袖型：二片式装袖型长袖，袖口设平衩。

　　衣身：前中开襟，钉纽 3 粒；前衣身左右两侧设腰胸省、装饰型胸袋；后衣身左右两侧设腰省；后中设背中缝；侧缝腰节处收腰；在腰节位置做横向分割，即断腰结构。

（二）翻驳领断腰型女上装设定规格

如表 5-7 所示。

表 5-7 翻驳领断腰型女上装规格（/cm）

号型	衣长	肩宽	胸围	领围	袖长	领脚 (a)	翻领 (b)
160/84A	54	39	94	36	58	3	4

（三）翻驳领断腰型女上装结构图

如图 5-17、图 5-18 所示。

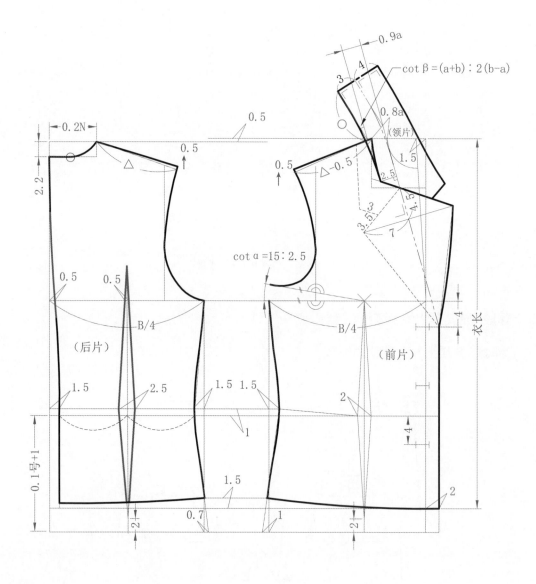

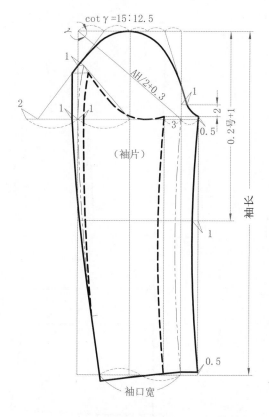

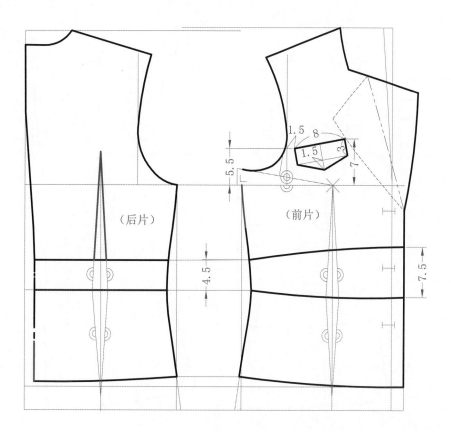

图 5-17 翻驳领断腰型女上装结构图

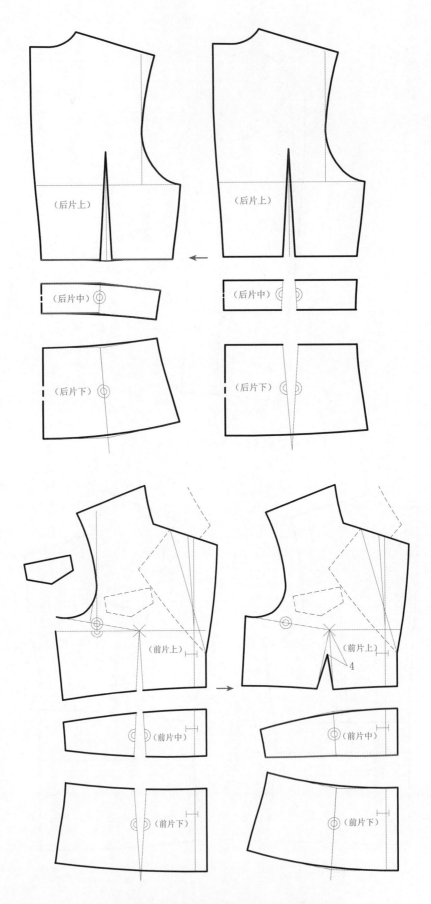

图 5-18 翻驳领断腰型女上装前、后衣片的结构分解图

（四）翻驳领断腰型女上装样板制作

1. 翻驳领断腰型女上装面板制作（图 5-19）

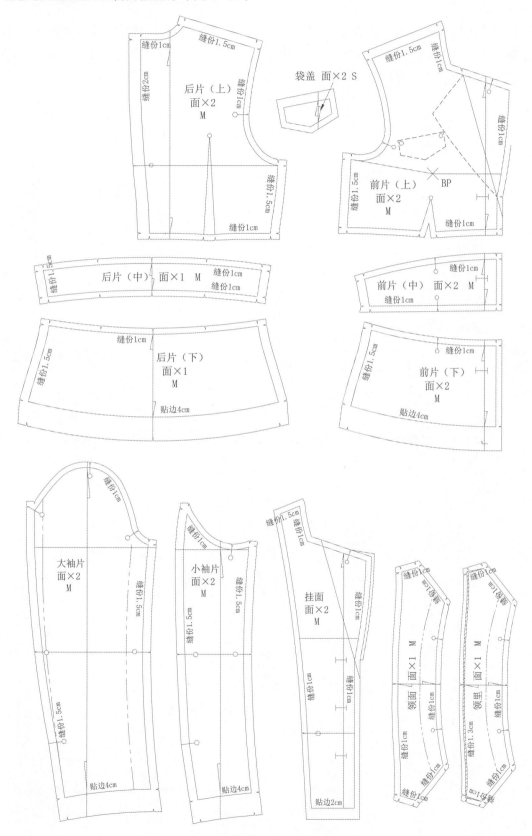

图 5-19 翻驳领断腰型女上装面板的制作方法

2. 翻驳领断腰型女上装里板制作（图5-20~图5-22）

由于此款为断腰结构，根据里布配置简化的要求，需还原成结构图，在结构图上制作里布样板。
具体操作方法：

（1）在翻驳领断腰型女上装的前衣身结构图基础上，把胸省转移至腰部，调整里板的区域范围，
周边放量（图5-20）。在后衣身与衣袖结构图基础上，选取里板的区域范围，周边放量（图5-21）。

（2）按里板的要求，制作完成里板（图5-22）。

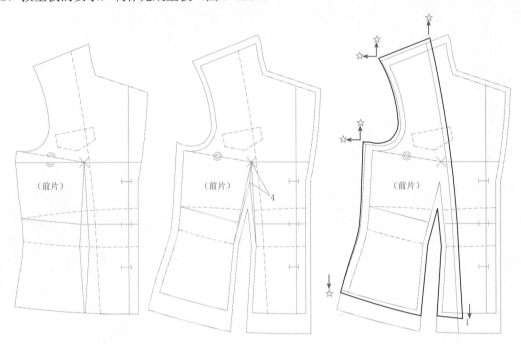

图5-20 翻驳领断腰型女上装前衣身里板调整区域范围（粗实线显示）及制作方法

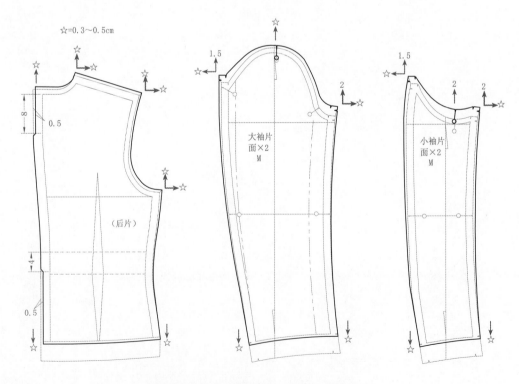

图5-21 翻驳领断腰型女上装后衣身及衣袖里板的制作方法

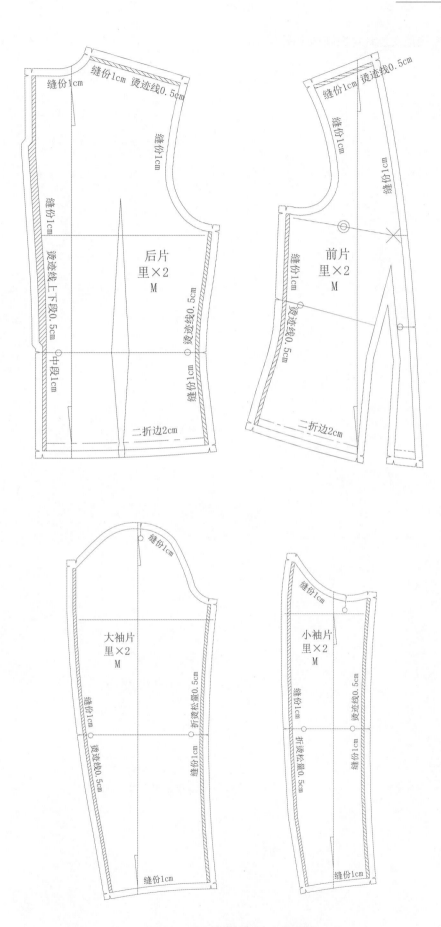

图 5-22 翻驳领断腰型女上装里板

3. 翻驳领断腰型女上装衬板制作（图 5–23）

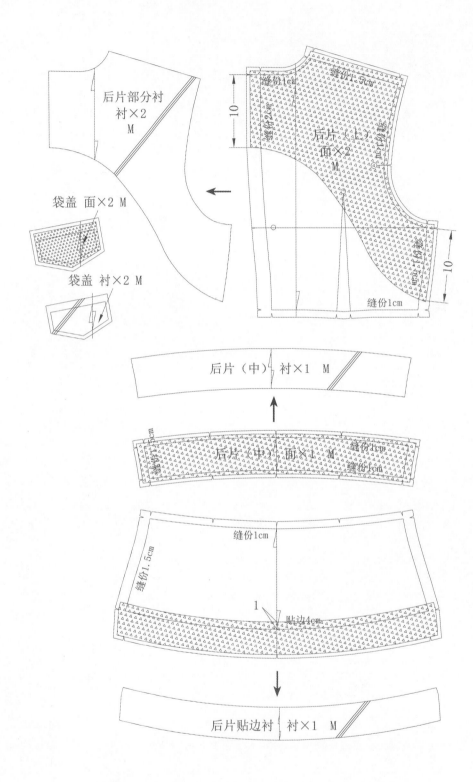

后片部分衬 衬×2 M

袋盖 面×2 M

袋盖 衬×2 M

缝份1cm

缝份1.5cm

后片（上）面×2 M

缝份1cm

10

10

后片（中）衬×1 M

后片（中）面×1 M 缝份1cm 缝份1cm

缝份1cm

缝份1.5cm

贴边4cm

1

后片贴边衬 衬×1 M

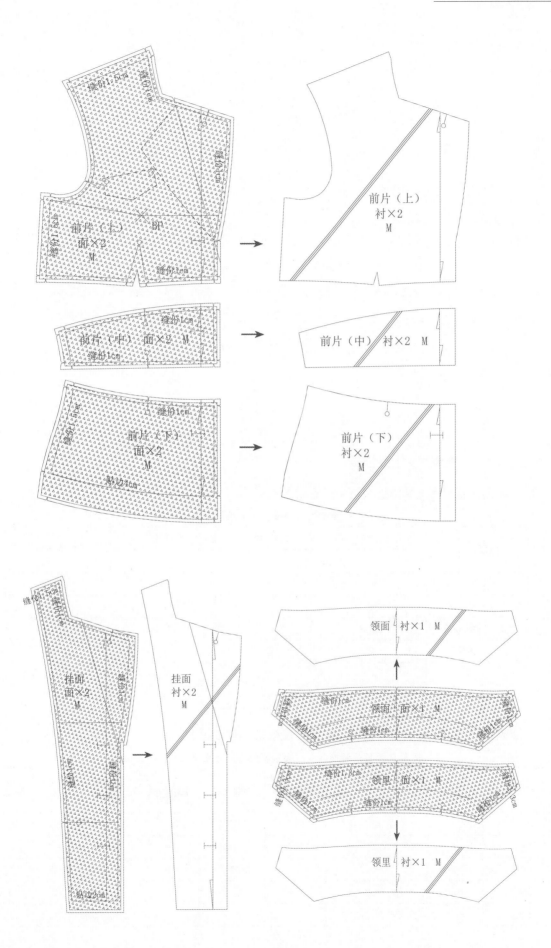

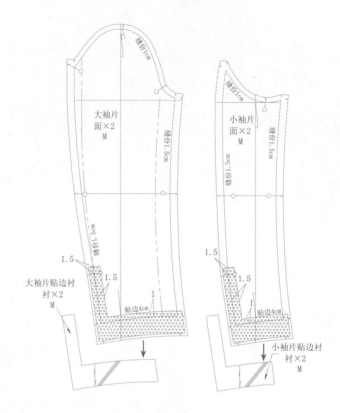

图 5-23 翻驳领断腰型女上装衬板

（五）翻驳领断腰型女上装推板

1. 翻驳领断腰型女上装推板规格（表 5-8）

表 5-8 翻驳领断腰型女上装推板规格（/cm）

部位	155/81A	160/84A	165/87A	规格档差
	S	M	L	
衣长	52	54	56	2
肩宽	38	39	40	1
前／后腰节长	39/38	40/39	41/40	1
领围	35.2	36	36.8	0.8
胸围	90	94	98	4
袖长	56.5	58	59.5	1.5

2. 翻驳领断腰型女上装规格档差与推板数值处理（表 5-9）

表 5-9 翻驳领断腰型女上装规格档差与推板数值处理（/cm）

部位	规格档差	比例分配系数 × 规格档差 + 调整值	推档数值	部 位	规格档差	比例分配系数 × 规格档差 + 调整值	推档数值
衣长	2	—	2	领口宽	0.6	0.2 领围档差	0.16
肩宽	1	0.5 肩宽档差	0.5	领口深	0.6	0.2 领围档差	0.16
前／后腰节长	1	—	1	袖窿深	4	0.15 胸围档差	0.45
领围	0.8	—	0.8	摆围	4	0.25 胸围档差	0.75
胸围	4	0.25 胸围档差	1	胸宽	1	0.5 肩宽档差 +0.1	0.6

腰围	4	0.25胸围档差	1	背宽	1	0.5肩宽档差+0.1	0.6
袖长	1.5	—	1.5	袖肥宽	4	0.15胸围	0.6
袖口围	4	0.2胸围档差	0.8	—	—	—	—

3. 翻驳领断腰型女上装公共线设定

前片：前中线—袖窿深线。后片：后中线—袖窿深线。袖片：袖侧线—袖山高线。

零部件：某一端为公共线。

4. 翻驳领断腰型女上装推板图（图5-24）

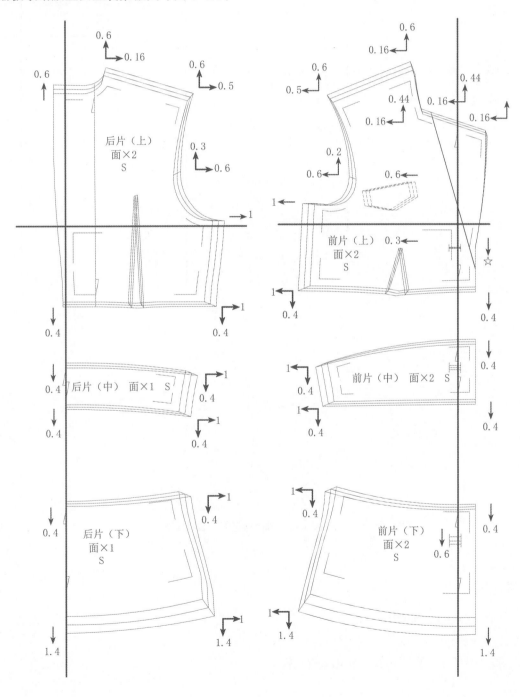

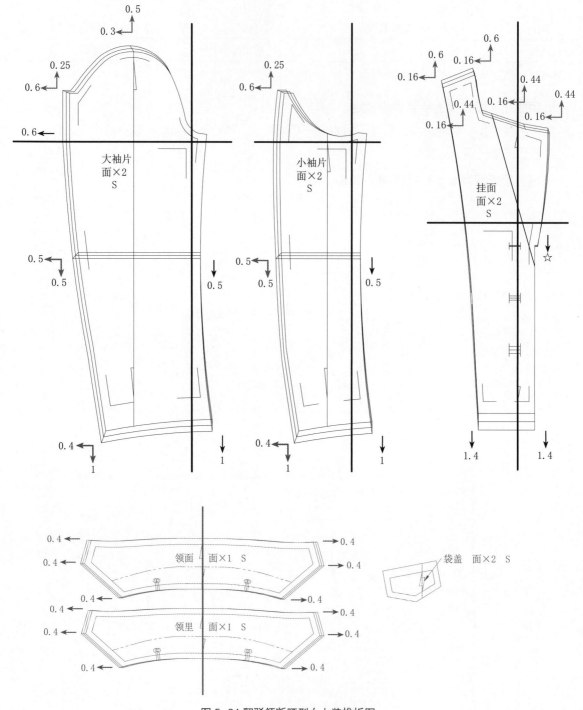

图 5-24 翻驳领断腰型女上装推板图

思考题：

1. 简述女装的款式变化特点？

2. 公共线不同的推板各有什么特点？

3. 按教材的要求自行寻找一变化款进行操作。

附录： 衣身基本型

由于女上装结构图中衣身基本型的规格没有具体的标注，在此将衣身基本型构成的具体细节附上。

1. 衣身基本线构成（图5-25）。
2. 衣身结构线构成（图5-26）。
3. 前后领圈弧线及袖窿弧线制作方法（图5-27）。
4. 含胸省基型结构图（图5-28）。
5. 前袖窿弧线制作方法（图5-29）。
6. 含胸腰省基型结构图（图5-30）。

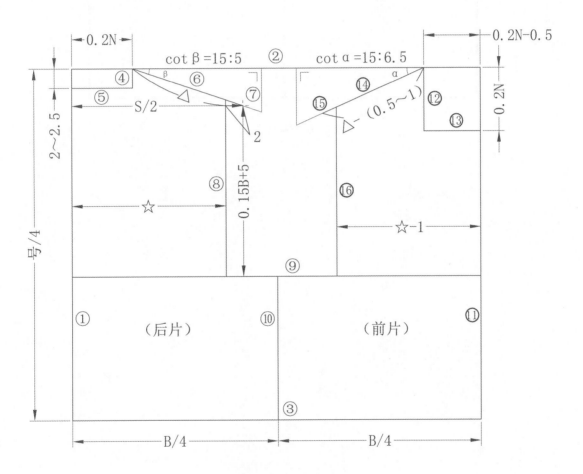

图 5-25 衣身基本线构成

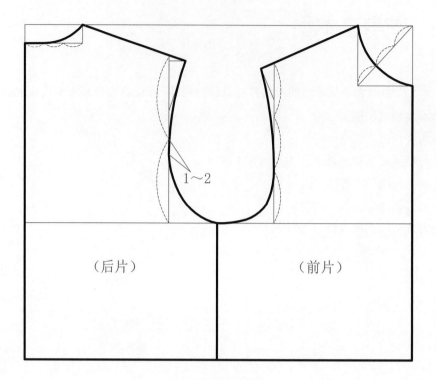

图 5-26 衣身结构线构成

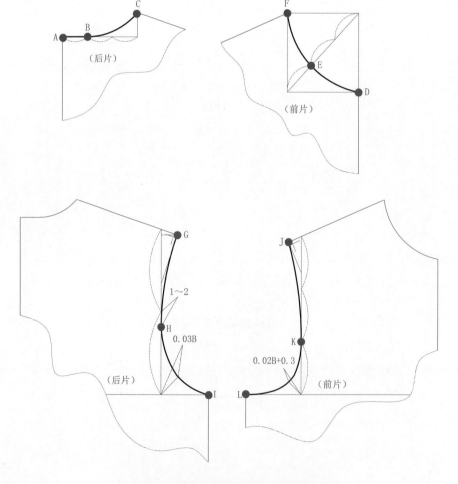

图 5-27 前、后领圈弧线及袖窿弧线制作方法

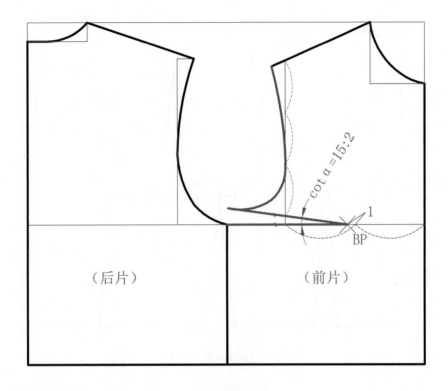

图 5-28 含胸省基型结构图

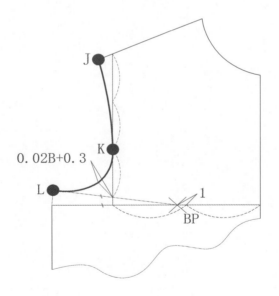

图 5-29 前袖窿弧线制作方法（含胸省基型）

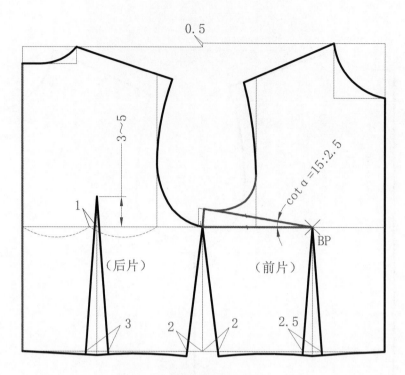

图 5-30 含胸腰省基型结构图

参考文献

[1] 蒋锡根. 服装结构设计－服装母型裁剪法. 上海：上海科学技术出版社，1999.

[2] 徐雅琴，马跃进. 服装制图与样板制作. 第 4 版. 北京：中国纺织出版社，2019.

[3] 孙熊. 服装结构与工艺. 上海：上海科学技术出版社，2007.

[4] 苏石民，包昌法，李青. 服装结构设计. 北京：中国纺织出版社，2007.

[5] 徐雅琴，谢红，刘国伟. 服装制板与推板细节解析. 北京：化学工业出版社，2010.

图书在版编目 (CIP) 数据

服装工业样板设计与应用 / 徐雅琴，张伟龙编著 . --
上海 ： 东华大学出版社，2022.3
ISBN 978-7-5669-2042-3

Ⅰ . ①服… Ⅱ . ①徐… ②张… Ⅲ . ①服装样板－工
业设计－教材 Ⅳ . ① TS941.631

中国版本图书馆 CIP 数据核字 (2022) 第 041083 号

该教材获上海市中高职教育贯通高水平专业建设项目
（服装与服饰设计专业）资助

责任编辑：谭　英
封面设计：鲍文萱

服装工业样板设计与应用

Fuzhuang Gongye Yangban Sheji yu Yingyong

徐雅琴　张伟龙　编著
东华大学出版社出版
上海市延安西路 1882 号
邮政编码：200051　电话：021-62373056
出版社官网　http://dhupress.dhu.edu.cn
出版社邮箱　dhupress@dhu.edu.cn
上海盛通时代印刷有限公司
开本：787 mm×1092 mm　1/16　印张：7.75 字数：273 千字
2022 年 3 月第 1 版　2022 年 3 月第 1 次印刷
ISBN 978-7-5669-2042-3
定价：43.00 元